JN084522

新装増補版

タネはどうなる!?

しのびよるゲノム編集作物の脅威

種子法廃止と種苗法改定を検証

元農林水産大臣・弁護士
山田正彦

CYZO

◉改訂版によせて

残念です。2020年12月2日、参議院本会議でわずか3分で反対賛成の討論もなされないままに登録品種の自家増殖（採種）一律禁止の世界に例を見ない種苗法の改定案が可決され成立しました。異例のことです。種子法廃止の時には11時間足らずの審議でしたが、今回の種苗法改定は衆参併せて15時間足らずの審議で、政府は反対の議員の質問にも答えられないまま強行採決してしまったのです。

かつてインドや中南米で名高いモンサント法案と呼ばれた自家採種禁止法案でしたが、農民の暴動などもあって次々に廃された法案です。このような法案がこの日本で成立するとは考えてもいませんでした。米国でも植物品種保護法があって登録品種でも自家増殖採種は自由なのに。EUでも日本のような小農家、また大規模農家であっても主食の穀物、イモ類、繊維類など21品目は自由に採種できるのに。

イチゴの専業農家でもある日本の種子（たね）を守る会の八木岡努会長（現茨城県JA中央会会長）が、原村政樹監督のドキュメンタリー映画『タネは誰のもの』の中で次のように述べています。「種子法廃止の影響は4、5年かけて出てくるものだが、この種苗法改定はすぐに影響が出てくるのです」と。

しかも政府（農水省）は２０１９年10月「ゲノム編集種子を有機認証できないか」と正式な検討会を開いたのです。私も圃場を見てきましたが、すでにゲノム編集「シンク能改変稲」や遺伝子組み換えのイネ「ＷＡＫＹ45」などが用意されています。

今回の本書の増補改定版では、版元であるサイゾーのご厚意のもとに種苗改定の問題点、そして第6章にゲノム編集、遺伝子組み換えについてのモンサントの裁判、ラウンドアップの収穫前散布が日本でなされていて、国産の大豆、小麦も安全でない事実を詳しく書き上げました。

しかしながら、このような状況にあろうとも、私たちは諦めることはありません。種子法が廃止された後、２年間で北海道から鹿児島まで22の道県で種子法に代わる「種子条例」を制定して、従来通り県などが責任を持ってコメ、麦、大豆などの安全で優良な品種を生産して安定して農家に提供できるようになったのです。準備中を入れると32の道県で条例が成立すると思われます。国会でも種子法廃止撤回法案を自民党も審議に応じて現在継続審議です。種苗法改定についても地方から私たちは闘うことができます。

今回、第7章で種子、種苗について「私たちに何ができるか」を詳しく考察しました。

◉まえがき

聖書の創世記第1章には「夕となり、また朝になった。第三日である」。「神はまた言われた。『地は青草と、種を持つ草と、それぞれの種を持つ実をつける果樹を地に芽生えさせよ』。そのようになった」（第11節）と書かれてある。タネは、人類にとって最も大切なものであることを聖書も示唆しているのではないだろうか。

私の尊敬する元農水省の農学博士大川雅央さんから聞いた「義農作兵衛」の話は、江戸時代の享保の大飢饉（1732年）のときのことである。伊予国の作兵衛がガリガリに痩せて麦俵を枕に、これを食べてしまったら来年の収穫は望めないと、「農は国の基、タネは農の本です。一粒のタネが来年には百粒にも千粒にもなります」と餓死したことに感動する。

私はタネは農の基本であり私たち日本人の命を繋いできたもので、さらに言えば人類に受け継がれてきた遺産であると考える。それは日本も2013年に批准した「食料・農業植物の遺伝資源に関する条約」の19条に「小農民の権利として自家採種の種苗の保存、利用、交換、販売する権利を有する」と「小農民は種子についての意思決定に参加する権利を有する」とあることと一致する。

ところが、今の日本ではそのことが大きく変わろうとしている。

少しわかりづらいが、タネの育成者の権利を保護するための種苗法でも「登録された育種権者の権利は特性により明確に区別されない品種についても収穫物から、さらに種苗として持ちうること、その収穫物を販売、加工に回すことに育種権利者の効力は及ばない」として、育種登録された種子も自家採種して増殖できることを認めている。

ここにきて改訂前の本書で指摘して恐れていたことが、現実のものになってしまった。海外でモンサント法案とも呼ばれた「自家増殖（採種）一律禁止」の種苗法の改定案が閣議決定を経て2020年5月の通常国会に上程された。いよいよ衆議院農林水産委員会で審議されようとしていた矢先、突然次の国会に先送りになった。

これについて当時の自民党衆議院国対委員長は「会期が残り少くなって法案を野党側に十分理解してもらう時間がないので延期した」と記者会見で話していた。実際には女優の柴咲コウさんのツイッターで「新型コロナの水面下で、『種苗法改正』が行われようとしています。（以下・略）」との投稿で世論が盛り上がって、与党内にも異論が噴出してきたのも原因ではないだろうか。また三重県議会、札幌市議会など26の地方自治体からの慎重な審議を求める意見書が国会、政府に出されている事情もあったものと思われる。

ところが、会期40日の臨時国会で種苗法改定のような重要法案を成立させるとは考えてもいなかったが、現実はその通りになった。

自民党、公明党は強引に種子法の時と同様、会期の限られた国会でわずか14時間足らずの審議で登録品種の自家増殖の一律禁止法案を２０２０年12月２日に賛成多数で可決してしまった。

今回の種苗法改定では登録品種は全て一律禁止となっている。しかも違反した場合は10年以下の懲役、１０００万円以下の罰金、共謀罪の対象、農業生産法人等法人には３億円以下の罰金に処せられることになっている。座視できない内容になっているので本著の第５章で詳しく内容を記載する。

国民は種子法が廃止され、種苗法が改定されたことでどんな影響があるのかほとんど知らない。

種子法があることで、私たちはコシヒカリ、あきたこまち、ひとめぼれなどの洗練されたおいしいコメを安定して、しかも安い価格で食べることができている。

種子法ではコメ、麦類、大豆は国民にとって大切な食糧として、その種子は国が管理して、農家が安定してコメなどを作れるように、各都道府県に種子の増殖、そのための原種、原原種の育種技術の維持を義務づけして、公共の物として守ってきたのだ。

米国、カナダ、オーストラリアなどでも、主要な農産物では各州の農業試験場などで栽培された公共の種子で支えられている。

このような公共による支えがなくなったらどうなるのか、野菜の実態を考えればわかりやすい。かつて、40年ほど前までは、野菜の種子も、コメ、麦、大豆と同様に、国産100％、伝統的な固定種だったものが、今ではＦ１の品種になって、90％がアメリカ、南米、インド、アフリカなど海外で生産されている。

イチゴ、メロンなどの種子の価格も1粒1円か2円だったものが、今では1粒40円から50円になってしまった。いつの間にか私たちが購入する野菜の種子のほとんどは、海外で巨大な多国籍企業、モンサント、バイエル、ダウ・デュポン、シンジェンタなどによって生産されるようになった。

政府は、今回種子法の廃止の理由として、「三井化学アグロのみつひかりのような立派な民間の品種があるのに、各都道府県の優良な品種の奨励制度が民間の種子の参入を妨げてきた」ことをあげている。しかし、みつひかりなど民間の種子も県によっては産地品種として立派に認められているので理由としては納得できない。

価格にしても、コシヒカリの種子の価格が1キロ当たり400円から600円だが、みつひかりはF1の品種で、価格も1キロ3500円から4000円とコシヒカリの10倍になる。

すでに日本のコメ農家の一部では日本モンサントのとねのめぐみ、住友化学のつくばSD、豊田通商のしきゆたかなどが、農薬と化学肥料とのセットで購入、栽培されている。政府は同時期に成立させた農業競争力支援法8条3項によって「銘柄が多すぎるから集約する」としている。

これまでは各都道府県のコメの奨励品種だけで300種、多様な品種が栽培されてきたが、種子法の廃止によって原種がなくなればいずれ国内の大企業、多国籍企業の民間の種子に頼らざるを得なくなるのは目に見えている。

それだけではない。これらの多国籍企業、及び農研機構（国立研究開発法人農業・食品産業技術総合研究機構）においては、すでに遺伝子組み換えのコシヒカリなどのコメの品種も用意している。しかも政府は２０１９年に遺伝子組み換え技術でのゲノム編集については「遺伝子組み換えでない」と決定をした。

しかも厚生労働省、消費者庁、農水省は２０１８年10月ゲノム編集食品は遺伝子組み換えでないとして、安全審査の手続きもいらず、表示もなく、任意の届け出だけで流通させることを決定した。すでにゲノム編集による肉付きのいいマダイ、ギャバが多く含まれるトマト、多収穫のコメの品種など開発されている。ゲノム編集についてＥＵでは遺伝子組み換えと同じであるとしている。

よりによって農水省は２０１９年11月にゲノム編集作物の種子を有機認証の対象にできないか、正式な検討会を開いた。さすがに委員からの反対もあって有機認証は見送られたものの、これからゲノム編集だから遺伝子組み換えでないと多収穫のコメの品種が飼料米の種子として出まわる可能性もある。もしかしたらすでに栽培されているかもしれないが、表示もないので調べようがないのである。

もし栽培されるようになれば、コメの場合には花粉が1・5キロ四方に飛ぶので日本の農地は有機栽培ができない汚染された農地になってしまうことが懸念される。

いつの間にか、日本は遺伝子組み換え農作物の栽培認可件数だけで３０９種類、米国の１９７種類よりも多くなっている。ＥＵをはじめ、中国もロシアも遺伝子組み換え食品は作らせない、輸入させないと動き始めているときに、日本だけが突出して遺伝子組み換え大国になろうとしている。

今回の新型コロナ禍で、世界19カ国は食料の輸出を禁止した。Ｆ１の種子、ゲノム編集、遺伝子組み換え種子もすべて一代限りで残ったタネをまいても収穫は期待できない。このようなタネに頼っていたら、大規模な気候変動で農作物が育たなくなれば日本は飢えてしまう状況も十分考えられる。

そして現在、子どもたちのアトピーやアレルギーがどんどん増えて、７％の子どもが発達障害といわれている日本では、国民の命の綱である「食」が危機的な状況にある。

タネは命である。

タネは私たち1万年の人類の命をつないでくれた人類の遺産である。（１９８３年ＦＡＯ決議）

タネは誰のものでもない。みんなのもので大切にしなければならない。

タネはどうなる!? —種子法廃止と種苗法改定を検証—

目次

第3章　タネは民間に委託するとして公共の種子を廃止

第4章　すでに国内の農家が日本モンサントのコメを栽培

第5章 世界に例をみない自家増殖一律禁止、種苗法の改定

第6章 すでにゲノム編集・遺伝子組み換えのコメが用意されている

第1章

日本のコメ、麦、大豆の種子はどのように守られてきたか

◉日本各地で1000種類の多様なコメが栽培されてきた

日本人にとってコメは農作物の中でも特別な意味を持つ。神に捧げる神聖な供物として、毎年天皇自らが行われる、収穫に感謝する新嘗祭《にいなめさい》や伊勢神宮の神嘗祭《かんなめさい》のコメは古代から御料地で栽培されてきた。

そして日本は亜寒帯から亜熱帯まで縦に長い列島である。私たちの先祖はすでに2000年以上も昔から、その土地の土壌、気候に適した育てやすく、収量の多い、そして食味のよいコメの種子を選びながら日本各地の隅々までコメを栽培してきた。それぞれの土地においても、さらに里田、山田、泥田、砂田、新田に適した品種が栽培され続けてきたのだ。

古くは奈良平安時代の木簡にも当時のコメの品種の名前が記載されているものが存在している。

その品種の多さには驚かされる。

明治時代になり、日本が近代国家として形を整えてから、農商務省の農事試験場で政府が各地で栽培されているコメ、麦の種子を集めたところ、すでにコメだけで4000

長崎県対馬で1300年前から続く赤米の頭受け神事、
ご神田で祈る主藤公敏さん

種を超える種子があったといわれている。

それまでは民間の農家、育種家たちが失敗を重ねながらも、長い時を経て現在のコメの種子の元タネともいえるものが作られてきた。

現代のような品種改良制度ができたのは1903年（明治36年）になって農事試験場において研究者、専門家による人為的な変異を作り上げる「交配」の技術が開発されてからである。それまでコメは自家受粉の生物なので交雑は難しく民間の育種家（農家）は偶然に現れた変異株を見つけて品種改良してきたのだ。

コメの花には1本の雌しべと6本の雄しべがあるが、コメは開花と同時に自家受粉してしまう。農事試験場ではそれを避けるために、花が開花する直前にピンセットなどで雄しべを取り除いて、開花した後に交配したい品種、たとえば寒冷地であれば冷害に強い品種の雄しべから受粉させて、新しい品種を作り上げていくことになる。そこから生まれた品種の中からさらに本当にいいものを数年から10年かけて、新しい種子として固定させる。

この気が遠くなるような作業を続けることによって、秋田県の農事試験場で品種改良された「陸羽132号」は昭和初期の東北の大冷害を乗り切って、当時の農家の希望の星となったといわれている。

第二次世界大戦前後、日本は当然のことながら食糧不足に陥り、農家は強制的にコメを供出させられるようになった。1942年2月には「食糧管理法」が制定され、米穀の配給通帳制度が全国で始まった。当時「闇米《やみ》」といった言葉があったほどである。

私も戦争中に生まれたので、芋粥《がゆ》、かぼちゃ粥、米国からの払い下げの脱脂粉乳による学校給食の粉ミルクなどをよく覚えている。

戦後、日本政府は国民を二度と飢えさせることがないように、1952年、私たちが生きる上で欠かせない食糧の種子、コメ、麦、大豆を安定して供給できるように「主要農作物種子法」（以下種子法）を制定した。

コメの自家採種を毎年続けていくと、少しずつ劣化していくことを農家は知っているので、良質な種子を育種しなければならないが、それにはかなりの手間とお金が必要とされる。できればコメの栽培だけに専念したい農家は多い。

こうして種子法では主要農作物であるコメ、麦、大豆の種子は国が管理して各都道府県において優良な品種を選んで、その種子を増殖、安定してコメ農家に供給することを義務づけたのである。種子法の成立、それに伴う農林省による運用要綱（種子圃《ほ》場の選定、検査法などを細かく定める）の実施によって、各県の農業試験場において優良な品種の改良は急速に進み始めた。

食糧増産の使命を負って愛知県農業試験場の「日本晴《にっぽんばれ》」、東北地方の冷害に備えて青森県農業試験場の「藤坂5号」、そして福井県の農業試験場で食味のよい品種として1956年には「コシヒカリ」が完成することになる。現在、コメ農家の36％はコシヒカリを栽培しているといわれている。

近年、コメの一人当たりの消費量が落ち込んで余剰になり、各県で生産調整（減反）政策がとられるようになった。現在では各県がコメの食味を巡っての差別化、激しい競争を展開するようになった。

こうして秋田県のあきたこまち、宮城県のササニシキ、北海道のゆめぴりかなどと各県の優良品種奨励制度をもとに次々といろいろな品種のコメが競って作られるようになった。

私たちは冷めてもおいしい弁当やおにぎりに向いた低アミロースのゆきむすび、ミルキークイーン、寿司用のコメなど多様な品種を選ぶことができるようになった。

またコメ栽培の生産法人、農事組合も増えて大型のコメ専業農家も増加、各都道府県の枠を超えて、販売目的の用途に合わせて今ではコメ農家は数種類のコメを作るようになっている。

今回種子法が廃止されることになった2017年3月時点で、日本ではどれほどのコメの品種が栽培されていたのだろうか。

農水省の農業試験場で長らく勤務して、研究に没頭された農学博士西尾俊彦氏の調べによれば都道府県の奨励品種の実数はうるち米(一般の食用)で263、もち(もち米)で69合計332種類、延べ数にすれば712品種が作られ、民間育種の品種も入れれば、さらに数百種が追加されることになるので、何と1000を超える品種が日本各地で栽培されていることになる。

◉多様な品種の栽培こそ冷害や病害虫からの危機を救ってきた

今回の種子法廃止と同時期に農業競争力強化支援法が成立した。種子法廃止と同様に規制改革推進会議の提言に従って閣議決定にかけられ、さしたる議論もなされないままに国会で成立して同法律は2017年8月から施行されている。当時この法案は農協潰しとして騒がれたこともある。

ところが、この法律は種子法廃止の最も狙いとしている日米の大企業やモンサント、ダウ・デュポン、シンジェンタなどの多国籍企業の日本の種子市場支配の意図がそのまま書き込まれてあった。

同法の8条3項には

三　農業資材であってその銘柄が著しく多数であるため銘柄ごとのその生産の規模が小さくその生産を行う事業者の生産性が低いものについて、地方公共団体又は農業者団体が行う当該農業資材の銘柄の数の増加と関連する基準の見直しその他の当該農業資材の銘柄の集約の取組を促進すること。

とある。

新聞などメディアでは、小泉進次郎議員が農家はＪＡから肥料などの農業用資材を高く買わされているとして、資材が高くなるのは銘柄が多すぎるからなのだと説明していた。新聞・テレビは一切報道しなかったが、そのときすでに本音はコメの銘柄を集約することが狙いだったのだ。考えれば肥料、農薬の種類が多いのは作物の種類が多いことから当然のことだった。

実は２０１６年5月にも農水省は、主要な農産物コメ、麦、大豆の種子についても種子法を廃止することを、与党、自民党、公明党には説明している。そのときは何ら反論もなかったので、そのまま規制改革推進会議のワーキングチームに諮ったいきさつがある。

種子はまさしく典型的な農業資材である。

日本では現在８３９品種（農水省品種登録ＨＰ）のコメが栽培されているが、これを集約して数種類の種子にしぼり込む政府の意図が明らかだ。

種子においては多様であることこそが、予期せぬウイルスなどの感染の場合に人類の食糧を救えることはすでに歴史が証明している。古くは17世紀アイルランドでジャガイモに感染性の疫病が発生して、主食であったジャガイモがウイルスで全滅して住民の2割が飢餓で亡くなったといわれている。当時の人々が飢えから逃れるために、メイフラワー号などで新大陸アメリカへ渡ったことは有名な話である。その頃アイルランドのジャガイモは1種類の品種だけを栽培していたので、一旦ウイルス性の感染症が発生したら、それを止める手立てはなくなることになる。

多様な品種の中には必ず耐病性を持つ種があるので多様性は大切だ。

ロックフェラー財団とフォード財団によって1960年、フィリピンに設立された国際稲研究所（ＩＲＲＩ）の緑の革命の失敗も記憶に新しい。ＩＲＲＩでは化学肥料（窒素肥料）によく反応する新しい稲の品種、ＩＲ8を開発して、これでコメの収量が飛躍的に増大するとして大宣伝、これまでの自然農法だった東南アジアのコメの栽培に化学肥料と農薬をふんだんに持ち込んだ農法が急速に広がった。

ところが、このＩＲ8は白葉枯病《しらはがれびょう》に耐病性がなくて、ＩＲ8の栽培の広がりに合わせて東南アジアで白葉枯病が大発生して、コメの収量も20〜50%激減してしまった。この病害に効果的な農薬はなく、あっても毒性が強くて使えなかった。その対策として育種学的な方法が検討され、南インドの在来種の中に白葉枯病に耐性を持つ品種TKM6を見つけ出して、何とか急場をしのぐことができた。多様な品種が存在していることがウイルスの感染などからコメを救うことになるのだ。

余談だが、白葉枯病について、NGOなどの研究機関は化学肥料（窒素）の多施肥が原因だと指摘している。私にもそう思えて、後述する民間のコメの品種が化学肥料を大量に施肥させることに不安をおぼえる。

昔のコメの栽培には化学肥料は使われず、コメの収穫後に麦を二毛作し、それに大豆を輪作すれば窒素分を土壌中に固定して、化学肥料は必要なかった。

◉宮城県古川農業試験場の冷害に強いコメひとめぼれのエピソード

全国的に冷夏に襲われた1993年、全国のコメの作況指数（平年並みを100とする）は74で、「著しい不良」の90を大幅に下回った。特に東北地方の不作は深刻で、宮

こちら

来年4月 種子法廃止

大凶作救った「ひとめぼれ」

「日本の種子《たね》守る会」設立へ

消費者・生産者連携「県は品種改良続けて」

宮城県の「ひとめぼれ」、秋田県の「あきたこまち」など、日本各地で優秀な稲や麦、大豆の品種を生む原動力となってきた主要農作物種子法（種子法）が、先の国会で自公維などの賛成多数で廃止された。民間企業の種子事業への参入を促す狙いだが、稲などの種子が多国籍企業に独占される懸念が叫ばれている。来年四月の廃止を前に、日本独自の種子を守ろうと、各地の生産者と消費者が手を結んで立ち上がった。　（三沢典丈）

「あの時、ひとめぼれがなかったら、どうなっていたのか」。宮城県古川農業試験場（大崎市）の永野邦明・場長は振り返る。

全国的に冷夏に襲われた一九九三年、全国の稲の作況指数は七四。「著しい不良」の九〇を大幅に下回った。特に東北地方の不作は深刻で、宮城県の作況指数は何と三七。江戸時代の天保の大飢饉以来の大凶作と言われた。タイから米の緊急輸入が行われ、「平成の米騒動」に発展した。

当時、同県の稲の主力品種はササニシキで作付面積の九割近くを占め、コシヒカリと並ぶ二大人気品種と呼ばれた。だがこの年の秋、ほとんどのササニシキの水田は穂を実らすことなく立ったまま。収量ゼロの農家さえあった。ところが、その隣で、稲が見事な穂を付けた水田があった。永野氏は「それがひとめぼれでした。品種の力の差が歴然と出た」と力を込める。

種子法は五二年、戦後の食料増産を目的に制定された。稲、麦、大豆を主要農作物と定め、優良な種子の生産と普及を都道府県に義務付けてきた。各都道府県は優良な「奨励品種」を指定して、種子の安定供給や品質確保に努めると同時に、農業試験場などで気候や風土に適した優良な品種の開発を推進してきた。現在、稲の奨励品種は全国で約四百五十種に上っている。

ササニシキは同試験場で六三年に生まれ、多収性と食味の良さから広く普及していた。しかし、八〇年の冷害で大打撃を受けたことから、冷害に強い新品種の開発が進められた。

翌年、場内に冷たい地下水を常時供給して冷害を人工的に起こす水田を作り、多様な品種の交配を試行錯誤した。八八年に冷害に強く、食味も良い「東北143号」の作出に成功した。各県での栽培試験でも高い評価を得たことから、九一年、ひとめぼれと命名。宮城県のほか、岩手、福島両県も奨励品種に指定し、種

育種中の稲を前に、公的な種子事業の重要性を訴える永野邦明さん＝今年4月、宮城県大崎市の県古川農業試験場で

もみの生産が始まった
　だが当時、宮城県内
ササニシキの知名度が
的で、あえて換えよう
う農家は少数。ひとめ
はさほど普及しなかっ
それを変えたのが、九
の記録的な大冷害だっ
翌九四年も秋の大雨で
ニシキは被害を受け、
めぼれへの乗り換えが
に進んだ。二〇一六年
計では、宮城県の稲の
面積は、ササニシキが
%に対し、ひとめぼれ
75%。永野氏は「もし
ニシキしかなかったら
城県の稲作は壊滅しか
かった」と語る。種子
成果が、米農家を救っ
だ。
　今、ひとめぼれは全
作付面積でもコシヒカ
次ぐ二位。しかし、開
終わりはない。永野
「今後、気候変動も予
れるため、事前に冷害
温耐性、耐病性などを
た品種を用意しておく
がある」と語る。「日
地域ごとに天候や、時
との文化や社会のあり
ど多種多様な特徴があ
それぞれの地域に適し
種が求められているの
す」

2017年6月26日東京新聞

城県の作況指数はなんと37。江戸時代の天保の大飢饉以来の大凶作といわれたほどだ。タイからコメの緊急輸入が行われ、「平成の米騒動」に発展したときのことである。

当時、同県の稲の主力品種はササニシキで作付け面積の9割近くを占め、コシヒカリと並ぶ二大人気品種と呼ばれた。だがこの年の秋、ほとんどのササニシキの水田は穂を実らすことなく収量ゼロの農家さえあった。ところが、その隣で見事な穂をつけた水田があった。それが宮城県の古川農業試験場が冷害に備えて作った品種のひとめぼれだった。品種の力の差にみんな驚きをかくせなかったという。

ササニシキは同試験場で1963年に生まれ、多収性と食味のよさから広く普及していた。しかし1980年の冷害で大打撃を受けたことから、冷害に強い新品種の開発が進められた。

古川農業試験場では冷たい地下水を常時入れて冷害を人工的に起こす水田を作り、多様な品種の交配を試行錯誤した。88年に冷害に強く、食味もよい「東北143号」の作出に成功した。各県での栽培試験でも高い評価を得たことから、1991年、ひとめぼれと命名した。宮城県のほか、岩手、福島両県も奨励品種に指定し、種子の生産を始めたのだ。

当時ひとめぼれの育種をしていなければ、東北のコメは冷害で壊滅しかねなかった。種子法の成果が、コメ農家を救ったのだ。

今、ひとめぼれは全国の作付け面積でもコシヒカリに次ぐ2位。しかし育種に終わりはない。事前に冷害・高温耐性、耐病性などを高めた品種を用意しておく必要がある。日本は地域ごとに天候や、時代ごとの文化や社会のあり方など多種多様な特徴がある。それぞれの地域に適した品種が求められているのだ。

◉各県の産地品種の育成には10年の歳月とかなりの費用を必要とする

北海道では明治期の本格的な開拓以来、日本人の主食であるコメの作付けに取り組みながらもさんざん失敗して辛酸をなめてきたことは、北海道開拓史からも明らかである。もともとコメはアジアの亜熱帯地帯で広く栽培されてきたもので、おいしいコメを寒冷地でも栽培できるようになったのは、種子法によって都道府県に優良な品種の奨励制度を設けて農業試験場などが競ってその土地の気候、土壌に適した品種の開発にたいへんな努力を積み重ねたからに相違ない。

それでも北海道農民の念願であったコメの栽培が本格的にできるようになったのは、1988年、「きらら397」品種が育成されてからである。北海道でもコメの栽培はできるようになったものの、しばらく国民の間では北海道産のコメはおいしくないものの代名詞だった時代もあった。私も代議士になってから、北海道で取れたコメですと贈呈されたが、決しておいしいコメではなかったのを覚えている。

ところが最近では北海道は北陸、東北地方に次ぐ日本のコメの主産地になった。ことに北海道のコメの優良品種ゆめぴりかは農業協同組合新聞の2017年8月10日号によれば8月1日の実勢価格で60キロ1万8400円と新潟県の優良品種の「魚沼産コシヒカリ」よりも価格が上にきている。新潟県もコシヒカリに代わるさらにおいしい新しい品種「新之助」を売り出したところである。

私たちがこのように、F1の品種でもなく、遺伝子組み換えでもない国産100%の安全安心なおいしいコメを食べることができるのは、戦後できた主要農作物種子法によってコメ、麦、大豆を公共の種子として位置づけて大切に守ってきたからである。

これまで種子法によって、各都道府県は農業試験場でその土地気候に適した優良品種を競って開発、奨励品種としてその種子の増産指導に当たってきた。それは並々ならぬ開発の苦労と長い年月を費やした努力のたまものである。

北海道でゆめぴりかの開発に携わった地方独立行政法人「北海道立総合研究機構農業研究本部上川農業試験場」の話を紹介したい。

ゆめぴりかは水稲グループの佐藤毅研究主幹が中心になって開発したもので世に出るまでに10年の歳月を費やしている。北海道は1年の半分を雪に閉ざされる。ことに旭川は極寒の地である。食味と収量性に優れた「ほしたろう」と耐冷性で強い粘りのある「北海287号」を両親として、夏に交配された新しい雑種のうちから有望な苗を冬に温室で育てて、翌年さらに翌年と種子を増殖させて3年目から個体の選別を始めることになる。数千の系統から選抜して品質、収量試験をして、農家に実際に使える品種になるかどうか試験栽培をしてもらうまで7年から9年はかかる。実際に栽培してみても、新しく開発した品種がこれまでの優良品種よりも味、収量などすべてを評価して優れていなければ新品種として登録されることはない。それまでに10年の期間と温室栽培などにたいへんな経費が掛かることになる。

北海道の農民にとっては、本州の各県に負けないような優良なコメの品種を作り上げることは長年の夢なので、公的な予算措置だけでは足りずに、ホクレン、ＪＡグループの資金的な支援を受けることによって、ついにゆめぴりかの品種の開発に成功したのだ。

後述する茨城県の農業研究所の岡野克紀さんの話でもコシヒカリより晩生で食味もよく、多収で、縞葉枯病にも耐性があって申し分のない品種を開発したが、7年目の夏、いつにない高気温が続いて乳白粒がでてしまった。同じ晩生の品種に比べても発生率は高かったので奨励品種としての登録を断念したこともあったという。

育種は選抜を繰り返して他にも優れたところがいくらあったとしても、一つでも弱点があれば断念せざるを得ないのだ。

このように、種子法第8条に各都道府県の役割として優良な品種を決めると義務付けしていることから、各都道府県はそれぞれの農業試験場でその地域の土壌、気候に適した品種を競って育種に励んできた。この同法8条がなくなったら各都道府県は優良な品種を育種する根拠がなくなることになる。

◉各都道府県での原原種の維持は毎年手植えで行われている

種子法によって、主要農産物のコメ、麦、大豆の種子について、前述したように奨励品種の育種、新しい品種の研究・育成技術を開発していくことの他に、種子法にはもう一つ重要な役割が課されている。それは各地で長い間栽培されてきたコメ、麦、大豆の原原種を純粋なものとして次の世代に残していく原原種の維持である。

それがどのようにしてなされているか、その現場を見せていただいた。２０１７年5月初旬、茨城県の水戸市の郊外にあるかつての茨城県の農業試験場、現在は茨城県農業総合センター農業研究所を訪ねて私は初めてコシヒカリの原原種の栽培の現場を実際に見ることができた。

それまではコシヒカリの原原種などはそれぞれの都道府県の試験場の施設に冷蔵、冷凍室が設置されていて、そこに冷凍で貯蔵保管されているものとばかり思いこんでいた。ところがそうではなかった。種子は生きていて豆類のように次の年に播かないとどんどん発芽率が悪くなって劣化していくので、コメの種子も冷凍冷蔵保存では純粋な原原種の維持は難しい。茨城県農業総合センターの農業研究所でも毎年、原原種の生産から行っている。

農業研究所の渡邊健所長は「ここのコシヒカリの原原種は50年前に福井県で育種されたコシヒカリが元タネだが、すでに30年もの長い間、茨城の土壌、気候に適した種子と

原原種圃場

して育種して今ではすっかり茨城県のコシヒカリになっているので、今更この原原種を福井県で栽培してもうまく育たないでしょう」と語っていた。

このように種子は生きていて絶えず進化し続けているものなのだ。

主任研究員岡野克紀さんに、原原種の栽培の圃場に案内された。ここでは県の奨励品種コシヒカリ、準奨励品種あきたこまち、同センターの生物工学研究所で開発したゆめひたちなどの原原種（昨年収穫した原原種のうちからいいものを一部残していたもの）を250粒苗床に播いて、30日ほど経過した苗を1本ずつていねいに手植えして育成していた。

はさがけされた大麦

きれいに代掻《しろか》きされた圃場では、それぞれの品種を系統（一個体からとれたものを系統としている）ごとに一品種当たり10から200系統が、花粉の交雑がなされないように一定の距離を置いて短冊状に整然と植えられている。

清々しい眺めである。私は1本ずつ植えられているのが気になって、なぜなのか質問するとすぐに説明してくれた。「種子は生きていて絶えず変化するので、開花の時期、出穂の時期、背丈などすべてを純粋なものに揃えなければ原原種とは言えない。そのためには稲の丈の長さ、葉の大きさ、形、色、出穂の時期が基準に合わないものはすべて異株として取り除かなければならないが、1本ずつだ

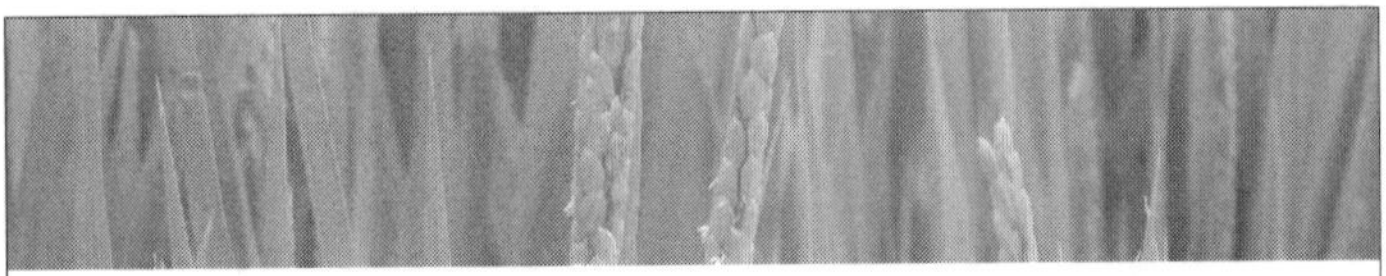

2. 採種ほ場の管理

❶採種適地の選定
❷土づくり、排水対策
❸肥培管理、倒伏防止、適期刈取り
❹病虫害、雑草防除
❺異株抜き
❻混種防止

研修会

3. 品質向上対策

種子の品質向上のため、採種部会協議会等を開催し、生産者の意識の向上や生産技術の高位平準化を推進し、種子の品質向上を図っています。

種子の品質確認のための混種確認ほを設置し、優良種子生産に努めています。

ほ場審査

4. 審査・検査

❶生産ほ場の指定
❷ほ場審査
❸生産物審査
❹農産物検査

種子の審査・検査標準見本品の作成

優良な種子とは
①高い純度 ②高い発芽率 ③充実した粒 ④健全な種子（種子伝染性病害がないこと）であることが必要な条件です。

4

公益社団法人 茨城県農業振興公社　提供

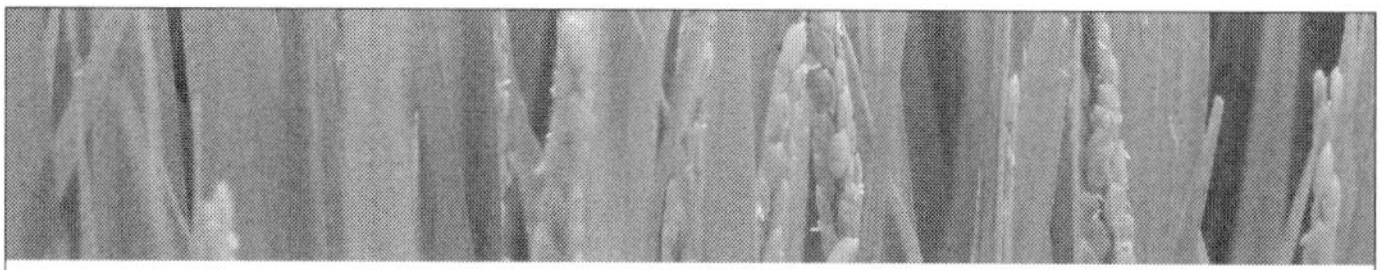

I 種子生産のながれ

1 原々種、原種の生産

県農業研究所では奨励品種の原々種を、茨城県農林振興公社（穀物改良部）では原種を生産し品種固有の特性や形質・純度の維持に努めています。

種子は低温貯蔵庫で保管し、種子の品質を高く保っています。

種子生産のしくみ

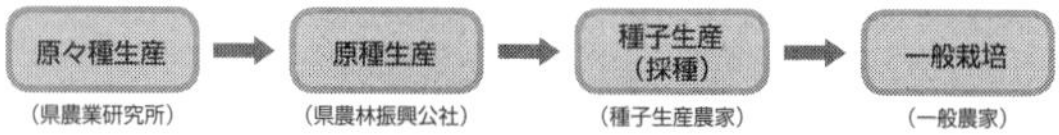

原種施設

乾燥施設

計量施設

2 採種ほにおける種子生産

1. 採種ほ場の指定と生産計画

- 各市町村穀物改良協会が策定した、種子更新計画書を県農林振興公社に提出します。
- 市町村種子更新計画に基づき、県・JA 全農いばらき・集荷団体・種子場 JA・県農林振興公社で構成する種子生産委託会議において品種別採種数量（面積）を決定します。
（種子生産委託会議　稲：2月　麦：10月　大豆・そば：4月）
- 種子は、県が指定した農家、ほ場で生産されます。

3

とその判断が容易になる」との理由だった。

岡野さんの話では、この原原種の栽培だけでも最終的には4割が異株として抜き取られて6割しか残らないとのこと。

このように、各都道府県では農業試験場などで、炎天下に毎年職員たちが汗水流して、手作業で雑草の除去、異株の抜き取り作業を続けてきたのだ。

こうして、種子法によって日本のコメの多様な品種の原原種は各都道府県で、伝統的な固定種として維持されてきている。

コメの原原種の圃場から少し離れた場所でちょうど大麦の原原種の収穫の時期、麦の秋を迎えていた。

一部刈り入れされた大麦は〝はさがけ（束ねて天日干しすること）〟されていた。

研究職の彼は「実は大麦の原原種の収穫もたいへんな作業です。刈り入れはコンバインで行いますが、品種が違う種子の混入がないようにコンバインの部品をすべて解体して掃除しなければならないのです。組み立て直して次の品種の刈り入れをするので神経を使います」と語った。

このたいへんな手間をかけて作られた原原種もそれぞれに発芽試験をしなければなら

ない。発芽試験では90％以上の発芽率がないものは当然のことながら失格になる。

◉原種の生産は原原種をもとに各都道府県で行われている

こうしてできた原原種をもとに、茨城県では2年目に県の農業振興公社の種子事業部において、今度は原種の栽培に取り組むことになる。農業試験場の施設の隣に「茨城県原種苗センター」の石造りの風格のある看板がある。周辺一帯は27ヘクタールの見渡す限りの水田、畑が広がっていて、そこが原種圃場になっている。

原原種をもとに、茨城県としてどれだけの原種を生産するかを決めていく。県の産地振興課が市町村の穀物改良普及協会から上がってきた農家のコメ、麦、大豆の作付け計画をもとに、まず県における種子の採種計画を作成することになる。

原種の生産圃場では、県の職員、主に農業改良普及委員、合わせて200人ほどで前年に農業研究所で栽培された純粋な原原種をもとに計画された量の原種を栽培することになる。ここでのコメの原種栽培は苗を1本ずつ手植えするのではなく、通常の稲作のように2〜3本ずつ植えているが、厳重な異株の除去作業に変わりはない。異株の抜き

茨城県原種苗センター

取り作業は植え付けから収穫までの間に10回ほど行われる。茨城県だけでコメの原種だけでも37トンを生産することになるのでたいへんな作業量になる。しかも「原種査証」の資格を持った職員の厳しい審査指導を受けながら作業に当たることになる。

栃木県の農業試験場で勤務し、今は退職している山口正篤さんは原種栽培の難しさを次のように語ってくれた。「かつて、県による原種栽培の段階で発芽率6割を切るなど失敗して、一般の種子の栽培農家に迷惑をかけたことがあったが、原種の栽培はベテランの職員でも気の抜けないたいへんな仕事なのだ。ある県では経費がかかりすぎるとして、民間に原種の栽培を委託したが、うまくいかずに再度県で原種を栽培するようになったところもある」と。

このように種子法第7条によって各都道府県に原種、原原種の栽培が義務づけられていたので各都道府県では厳しい原種の生産が県の職員によって続けられてきた。農家も毎年安心して優良な種子を安定して安価に入手することができた。

◉すでに3年前から種子予算は減らされて、原種、原原種の栽培も難しくなっている

ところが、渡邊場長が次のように語ってくれた。「先日農水省から説明がありました。種子法が廃止されても、従来通りの予算措置はするので、これまで通りで心配はいらないと言われましたが不安です。すでに3年前から農業研究所の職員の補充はなくなりました。私たちが定年退職したら、原原種の維持はできません」。

なるほど、3年前といえば2013年にあれだけTPPに断固反対し、嘘はつかないとして総選挙で民主党に代わって政権を奪取した自民党安倍政権がいきなり交渉に参加して、TPP日米並行協議が行われた年でもある。米国のカーギル、ダウ・デュポン、モンサントなどから日本の優良品種奨励制度の廃止を強く求められていたのではないだ

ろうか。その時から育種の研究職の新しい採用もやめてしまった。

折しも、兵庫県でかつて農業試験場でコメ、麦、大豆の原原種生産に従事していた、小林保さんから私たち「日本の種子（たね）を守る会」に手紙をもらった。

その内容は切実である。「兵庫県としては一時、全農に種子の維持事業を委託しようとしたが、種子法で県に義務づけられているので、従来通り農業試験場で続けたが、予算が削減されていき、結局新しい品種の開発育成を断念して、原原種の維持に専念せざるを得なかった。種子法廃止になって、2、3年後には予算措置がなくなり、兵庫県などのコメ農家は民間からの種子に頼らざるを得なくなるのではないかと心配しています」と書かれてあった。共同通信社の石井勇人記者が中心になって2018年3月、種子法廃止にともなうアンケート調査を各都道府県の農業試験場に行った。その配信された記事（岐阜新聞2018年3月17日）によれば「種子法廃止に困惑」「来月から民間参入で価格高騰恐れ」とある。

共同通信と矢野経済研究所は2月、都道府県の農業試験場など農作物の種子や品種開発に携わる56カ所の公的研究機関を調査。種子法廃止の賛否については、回答した50機関の半数近い46・0％が「どちらともいえない」とし、影響を見極めかねている現状が浮かんだ。

廃止を「支持」した回答はゼロで「どちらかといえば支持」も4・0％どまり。「どちらかといえば支持しない」（16・0％）と「支持しない」（16・0％）を合わせ32・0％が否定的だった。無回答は18・0％だった。

支持しない理由では「価格の上昇や品質の低下で需給バランスが崩れる」「種子を県外に委託しており安定供給に不安」と、生産への影響を指摘。都道府県の予算措置の裏付けとなっていた種子法の廃止で「当面は同等の予算を確保できても、その後は不明」と、将来的に研究に必要な資金が配分されるのか不透明だとの声が目立った。

◉種子の増殖は都道府県の管理のもとに農家、ＪＡが行っている

原原種の選別から3年目に農家、ＪＡが種子の栽培に初めてかかわることになる。種子法の運用規則（農水省令）によって茨城県では、まず慎重に種子栽培の圃場及び農家を選ぶ。圃場は近隣の水田から稲の花粉が飛んできて交雑することがないような谷あい

や隣接田の作付け情況を確認、生産者も稲作に十分な知見と経験を持った熟練した農家が選ばれる。

私は東茨城郡の城里町桂地区にあるＪＡ水戸かつら種子センターに種子栽培農家を訪ねた。そこには「かつら種子部会」の部会長小幡利克さんと小圷清治さんと種子センター長の川村浩樹さんが待っていてくださった。すぐ前に小高い山が連なって、盆地状のところに田畑が広がっている田園地帯のいいところだった。そこでいろいろお話を聞いた。

種子生産は市町村穀物改良協会が作成した種子更新計画書に基づき種子生産委託会議（ＪＡ、県の振興公社などで構成）で品種ごとに作付け面積が決められる。それに従ってそれぞれの種場で栽培農家が話し合って具体的な割り当てが決められる。こうして種子栽培農家に県で生産した原種が配られることになる。

この桂地区だけで会員53戸の種子栽培農家がいて、それぞれにコメ、麦、大豆の原種が配られることになる。コメの方が栽培としては効率はいいが、部会で相談して麦も大豆も引き受けている。余談だが、種子部会に最近では30代、40代の若い人も種子農家として数人が入会して会員が増えつつあるとうれしい話も聞くことができた。

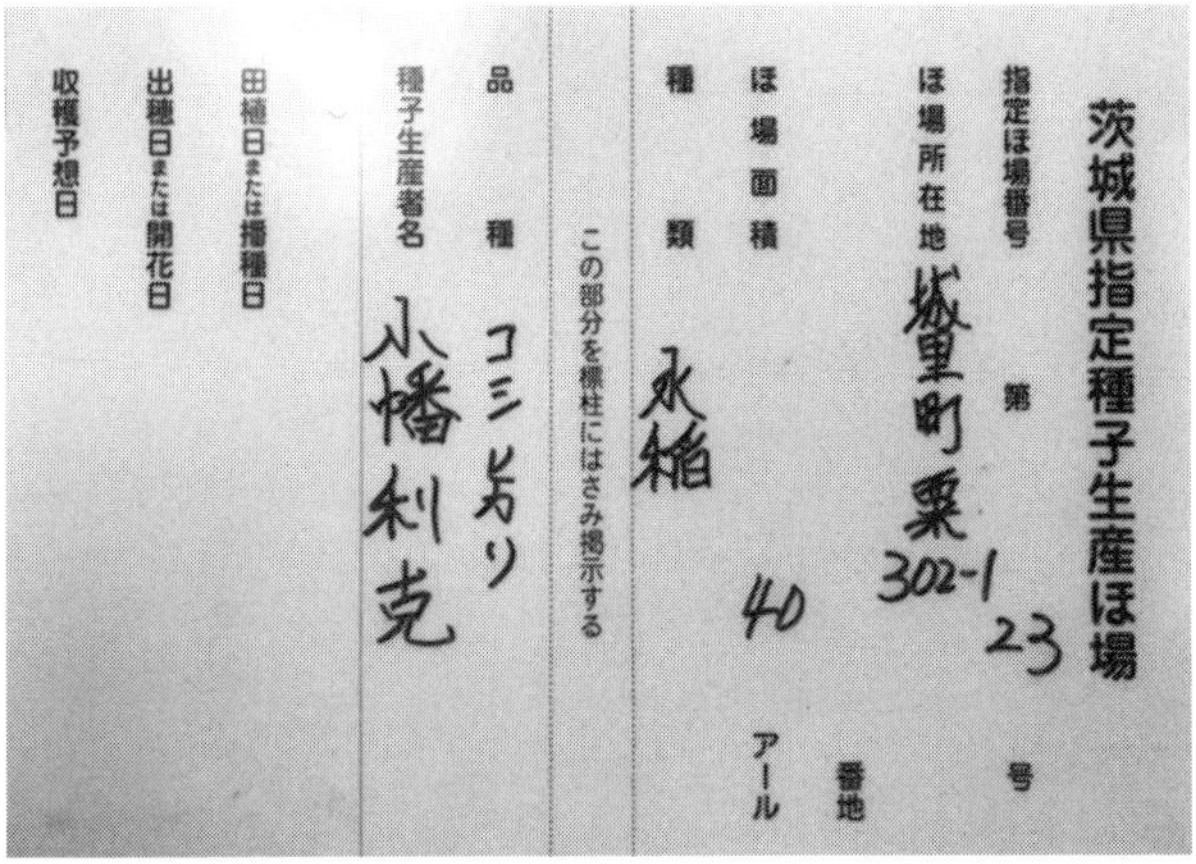

種子圃場プレート

小幡さん、小圷さんも温厚な人柄で、すでに十数年種子の栽培の農家として取り組んできた方で、播種される時から収穫が終わるまで毎日圃場に入って雑草の除去作業などに当たっているとのこと。異株の抜き取り作業だけでも採種までの間に10回は行うが、そのうち、5回は「検査」と称して県からの検査員も来て、種子農家7、8人が横に並んで一緒に抜き取り作業をしているという。

中でもたいへんなのは出穂時期と出穂20日後に行われる2回の県による審査の時だ。異株を含まないことはもちろん、雑草がわずかであること、病害虫に感染しているのが見つかればその周辺の種子も出荷禁止になる。

こんなに手の込んだ優良な種子の生産現場

を見ると、三井化学アグロや日本モンサントなど種子会社が企業の利益を最優先することを考えれば、手間のかかる良好な種子の栽培を同じようにできるはずがないと思うのが当然ではないだろうか。ＪＡ水戸の採種農家の人たちは種子の袋に生産者の名前が書かれていることからも誇りを持った職人のように思えた。

いずれ野菜の種子のように日本のコメの種子も人件費の安い海外でのモンサントなどの多国籍企業の生産に移行してしまうのではないだろうか。

このように手の込んだ種子の生産をして、売り渡す種子の価格はどのようなことになるのか聞いてみた。茨城県の場合は、作付け計画に沿って配分された種子については全量を全農いばらきが買い取ることになっている。玄米での買い入れ価格なので、一般のコメの出荷のように計算しなおすと、おおよそ１・２倍から１・４倍のようだ。決して割のいい仕事とは思えないが、小幡さんたち種子栽培農家にとっては、価格が安定しているので、安心して続けることができると語ってくれた。

かつら種子部会でコメの種子だけで、ほぼ毎年コシヒカリ、あきたこまち、ふくまる、月のひかり、酒米のひたち錦の５種類を生産していて合計２０８・４トンが茨城県から農家に配分されていく。２０１７年はよくできて２４２トンの収量があったそうだ。他にも麦の種子カシマゴール、カシマムギ、さとのそらを78トン、大豆の種子もタチナガノハ、里のほほえみ、納豆小粒を36・７トン生産している。

現在、茨城県だけでこのような種子場が桂地区のほかに常陸（山方）、常陸（大宮）、常陸（太田）、常陸、やさと、北つくば（結城）、北つくば（真壁）、北つくば（岩瀬）、北つくば（明野）、つくば市と合わせて11カ所ある。

桂地区で収穫された種子は、ＪＡ水戸の「かつら種子センター」に運ばれる。私は２０１７年11月、再びコメの種子の収穫時にも同センターにお伺いした。同センターはハイテク機械の生産工場と見間違えるほどの立派な施設で種子の乾燥、選別、調整などを行う。ちょうどコンバインで収穫されたコメの種子（種籾）が軽トラックで次々に運ばれているところだった。まず種子は粒型選別機に入れられ、次にユニフローセパレーター、比重選別機で不良なものははじかれる。それから乾燥機にかけられる。

その工程が終わった種子は、製品としての包装が自動的になされていた。

その後発芽試験がなされて、発芽率90％以上でないと失格する。

その横には大きな倉庫があって、１トン袋に詰められた種子がリフトで次々に高く積

職員がていねいに選別（かつら種子センター）

み上げられていく。この種子センターだけで10人ほどの職員が忙しく立ち働いていた。このような種子センターが茨城県だけで山方、やさと、結城、豊里と5カ所ある。

このかつら種子センターの倉庫には他にも大麦の種子、大豆の種子などが整然と積み上げられていた。大豆の種子は固定種で、水戸は納豆の産地だけに、試験場で開発された納豆小粒というご自慢の小ぶりの大豆を見せてもらった。担当者の話では「これも茨城で30年は作られてきた種子でこの気候、風土に合ったものになっているので、かりに九州などに持って行っても育たないでしょう」と語っていた。

こうして製品として整えられた種子は、一

般のコメ栽培農家に証明書を付けて公共の種子として販売されることになる。現在、茨城県ではコシヒカリは優良奨励品種として1キロ500円でコメ農家に販売されるが、県によって若干価格の差はあるようだ。だいたい400円から600円くらいだという。発芽率は90％以上、価格も種子法によって予算措置がされているので、民間の種子よりもはるかに安い価格で入手できるので、人手が不足している農家は、今では自家採種をやめて、ほとんどが公共の優良な種子を購入してコメの栽培をするようになった。

それには事情があり、ＪＡでは農家から秋になれば収穫されたコメを買い取って、業者などを通して委託販売しているが、その際、県の優良種子として認証された種子だと品質も一定しているので安心して販売できるとして、優先して高い価格で購入するようになったのである。

現在では自家採種しているコメ農家は日本では1割ほどしかいない。私は今でも自家採種を続けている石川県のコメ農家から「コメも自家採種して稲作を続けていると、少しずつ化けていく（品質が落ちて収量が減ってゆく）ので、3年に1回は県の奨励品種であるコシヒカリなどの種子を農協の種子センターを通じて購入している」と聞いたことがある。

茨城県における種子生産について

平成29年度主要農作物種子等生産計画

種類別	採種圃面積 (ha)	生産計画 (t)	前年同左 (t)
水稲うるち	429	1,322	1,326
水稲もち	12	44	42
陸稲もち	7	19	12
飼料用米	20	87	94
小　麦	157	319	289
六条大麦	67	122	123
二条大麦	34	66	70
大　豆	58	70	72
そ　ば	45	28	24
合　計	829	2,077	2,052

※麦類種子は、平成28年播種、29年収穫のもの。

平成29年度主要農作物原種生産計画

種類別	品種名	作付面積 (a)	生産計画 (kg)
水陸稲(3品種)	コシヒカリ	434	13,020
	あきたこまち	109	3,270
	ゆめひたち	50	1,500
	計	596	17,790
麦　類(4品種)	カシマゴール	146	2,920
	ミカモゴールデン	149	2.980
	さとのそら	397	7,940
	きぬの波	122	2,440
	計	814	16,280
大　豆(3品種)	ハタユタカ	20	240
	里のほほえみ	200	2,400
	納豆小粒	34	340
	計	254	2,980
合　計		1,661	37,050

原種生産体制
公益社団法人茨城県農林振興公社　穀物改良部　原種生産G
　プロパー職員　7名
　嘱託職員　　　6名　計13名

米国も主要な農産物、麦は自家採種が3分の2、公共の種子購入が3分の1と符合する。やはり主要な農産物は自家採種だけでは限界があって、各国公共の種子を大切にしている意味合いが納得できる。

この種子センターだけでコメの種子１４７２トン、麦の種子については５０７トン、大豆については70トンを扱っている。

麦も大豆も同様のシステムで、日本の主要な穀物の種子は、種子法に基づいて良好な種子を国の予算で、伝統的で多様な固定種が安価に安定的に提供されてきた。

◉種子法が廃止されて、各都道府県の役割はどうなるのか

このように種子法、それに基づく運用規則によって、私たちはこれまで当然のようにコシヒカリ、あきたこまちなど伝統的なおいしい固定種を食べることができた。ところが２０１７年4月14日種子法廃止が決定、２０１８年4月1日から同廃止法案が施行されることになった。農家、ＪＡ、消費者など国民には何も知らされないままに、衆議院ではわずか5時間の審議で議決、参議院でもなんとか参考人質疑はできたものの合わせ

て12時間足らずの審議で成立してしまった。

これまで各都道府県でなされてきた原種、原原種の栽培、県の管理のもとになされてきた一般種子の増殖事業はどうなるのか。法案が成立された後になって各都道府県の農業試験場、原種栽培の現場、種子栽培農家にようやく衝撃が走った。

政府（農水省）は各都道府県の関係者に「これまで通り予算措置は続けられるので心配はいりません」と説明して回った。各都道府県の関係者は一旦落ち着いたかに見えた。

私はかつて農水大臣として財務省と厳しい予算折衝を経験したが、根拠になる法律がなければ予算を確保することはまず難しい。

その点を農水省に質すと「これまでの農水の種子に関する予算は一般交付金に組み込まれているので、今でもひも付きではなく各都道府県で自由に使える枠なので、裁量次第でこれまでのように使えます」と説明する。

しかし決してそのようなものではない。

最近も新聞で保育園の待機児童に対する一般交付金を予算通りに使ってなかった自治体が報道されていた。予算は用途を細かく吟味して積み上げていき、それを名目上一般交付金としているだけなので自由に使える枠はほとんどないに等しい。

加えて政府（農水省）は、種子法廃止法案が参議院の農水委員会で賛成多数で採決された際の付帯決議で「都道府県の財源となる地方交付税を確保し、都道府県の財政部局を含め周知徹底させる」とあるので、これまで通りで何も心配はありませんと言っている。しかし、付帯決議は参議院のホームページにもあるように、法的な義務ではなく政治的な意味合いを持つものに過ぎず単なる努力目標でしかない。私自身も代議士として委員会で何度も付帯決議を付けたことがあったが、法案を成立させるための与野党の妥協の産物、気休めである。

新聞、テレビでほとんど報道されなかったが、関係者、種子法廃止の事実を知った国民の間でも「これはたいへんなことになるのではないか」と次第に囁かれるようになった。そのうちに生協や市民団体の間からも、種子法が廃止されると、コメは都道府県の手を離れて民間の種子、三井化学アグロの「みつひかり」（Ｆ１の種子）、日本モンサントの「とねのめぐみ」などになってしまうのではないか、このままでは、そのうちに日本では遺伝子組み換えのコメの種子になるのではないかなどと心配する声が次々に沸き起こった。

農水省もこのような事態に何らかの対応策を講じなければならない。関係者の間では近く種子法廃止後の種子栽培について「ガイドライン」を発表するとのうわさが流れた。だが、なかなか発表されない。

私は農水省に「どのような内容のガイドラインになるのだろうか」と問い合わせた。

「種子法が廃止されても、従来通りの種子の事業は継続されるという内容です」との答えだったので内心ほっとしていた。

ところが、農水省から2017年11月15日に送られてきた「次官通知」（29年政統第1238号）を読んで驚いた。

この時の経緯を、かつて農水省にも勤めていたことのある鈴木宣弘教授は次のように語っている。「当時の担当課長は、各県の担当者と話して、従来通りの種子の生産ができるようにするはずであったが、当時の農水省の事務次官奥原正明から一喝。『官邸の意向だ』で覆った」という。そこには次のように書かれている。

「これまでの種子法に伴う運用規則は廃止する。以上命により通知する」とある。

これだけ国民の間でも不安の声が高まりつつある種子法について農水省は幾度となく「心配はありません」と述べてきた。実際に原種、原原種、一般種子の栽培、増殖も運用規則によってなされてきたので、私は少なくとも運用規則は2、3年の間、そのまま残されるだろうと考えていた。（巻末に次官通知全文を掲載しているので読んでほしい。）

「次官通知」には、なんと次のように書かれている。

３、種子法廃止後の都道府県の役割について

都道府県に一律の制度を義務付けていた制度を種子法及び関連通知は廃止するものの、都道府県が、これまで実施してきた稲、麦類及び大豆の種子に関する業務のすべてを、直ちに取りやめることを求めているわけではない

〝直ちに取りやめることを求めているわけではない〟ということは、いずれやめなければならないと明確に述べていることになるのではないのか。さらに各都道府県で独自にこれまでの種子事業を続けることは構わないが、予算は付けられませんよと暗示していることになる。本当は次官「通知」は「通達」ではないので強制力は何もなく単なる技術指導に過ぎない。今では地方分権一括法で地方自治法が改正され、上位機関から下位機関への指示はできなくなっている。

さらに次のように書かれている。

民間事業者による稲、麦類及び大豆の種子生産への参入が進むまでの間、種子の増殖に必要な栽培技術等の種子の生産に係る知見を維持し、それを民間事業者に対して提供する役割を担う

このことはまさしく、〝農業競争力強化支援法8条4項にあるように、各都道府県が有する種子の生産に関する知見を民間事業者に提供することを推進しなければならない〟と意味していることになる。

ここで農水省が述べている民間事業者とは、すでに10年前からコメの新しい品種に参入している三井化学アグロ（みつひかり）、日本モンサント（とねのめぐみ）、住友化学（つくばＳＤ）、豊田通商（しきゆたか）などをさしているものと思われる。

このままだとコメ農家はこれまでのコシヒカリなどの都道府県で増殖されていた種子がなくなって、価格が10倍もするようなコメの種子を購入しなければいずれコメの耕作ができなくなる。しかも原種、原原種がなくなれば有機栽培農家などでも種子の生産ができなくなって、数年のうちにアトピー性皮膚炎にいくらかいいとされる「ゆきひかり」

「ササニシキ」などのコメが消えることになる。ここで前述した栃木県の元農業試験場長の山口さんの話を思い起こしてほしい。

「県では原種の生産にかなりの人手が必要なので、経費節減のために民間に委託したところ品質が悪くて、やはりベテランの職員による県の事業に戻した」と。

ほんとうに民間に私たちの大切なコメ、麦、大豆の種子を任せていいものだろうか。

●モンサントなどにロイヤリティを払わないとコメが作れなくなる?!

ところが、種子法廃止法案が衆議院で審議されている最中に、農協潰しと揶揄された農業競争力強化支援法案も同時に国会に提出されて2週間後には同法案も成立してしまった。

私は当時この法案を読んで青くなった。この法律8条4項には日本の種子がこれからどうなるかについて、目立たないように巧妙にたいへん大事なことが書き込まれてあった。

私はメキシコとフィリピンの農家のことをすぐに思い浮かべた。

メキシコはトウモロコシの原産国だけに赤や、紫、黄色など数千種類のトウモロコシが古くから栽培されていた。これらのトウモロコシの種子は先祖から代々受け継がれてきた農民の共通の遺産なので、誰もが自家採種して栽培を続けることは当然だった。当時のメキシコには生物に対する特許制度など存在していなかった。

ところが1994年に成立した北米自由貿易協定NAFTAによって農産物について国境の垣根（関税の壁）が外され、米国の多国籍企業モンサントやデュポンが数千もあったトウモロコシの原種をゲノム解析して、次々に育種登録、応用の特許を申請してしまった。これらの原種をもとにF1、遺伝子組み換えなどの新しい品種も開発して、その応用特許にロイヤリティを支払わなければメキシコの農家はトウモロコシの栽培ができなくなった。その後法律を制定して農民の種子の権利は守られている。

前述したが、フィリピンのコメ農家も戦後ロックフェラー財団がIRRI（国際稲研究所）を設立、「緑の革命」として化学肥料を大量に施肥する多収米の品種の育種を成功させ、米国はフィリピンを拠点としてアジアに新しいコメの育種を広めさせた。IRRIのコメIR8は、白葉枯病などの大発生を招き、アジアのコメは一時壊滅するかと騒がれたことがあった（23ページ参照）。さらに病気の耐性を持つ遺伝子を組み入れるなど、それぞれの品種に育種登録、応用を申請することによって、今ではロイヤリティを支払わなければ、主食であるコメの栽培ができなくなった。

日本は瑞穂《みずほ》の国として古来からのコメの多様な品種の原原種、原種を維持してきた。そして戦後、種子法によっておいしいコメの優良な品種をしのぎを削って開発してきた。今では国においても独立行政法人となった農研機構で世界に誇るジーンバンクを整備して古来からのコメや世界各地のコメの品種を10万種ほど保存して、明治の初期から今日まで数々の最先端の育種知見を誇ってきた。これらの長い期間をかけて国民の税金で蓄積されてきた知的財産権を農業競争力強化支援法８条４項で民間に提供しなければならなくなったのだ。

国会での審議の際、「提供する民間の中には外国のモンサントなどの多国籍企業も入るのか」との質問に「内外無差別だから否定するものではない」と齋藤健農水大臣が答えている。後述するが内外無差別そのものがＴＰＰ協定の内容である。

そうなれば、日本の育種技術、及び新品種の育種の知見が三井化学、住友化学、豊田通商、日産化学などのみならず、海外のモンサント、ダウ・デュポン、シンジェンタなどにも平等に提供しなければならなくなる。

私が農水省に「無償で提供するのか」と聞いたら「有償です。契約を交わしてから提供します」と答えた。先日も私の質問に農水省の穀物課長が「あくまでも国益のために知見を提供するものです」と述べたものの、何が国益でどう守れるかについては答えられない苦しい答弁だった。

心配になる。北海道からゆめぴりかの育種権を譲り受けたら、これまでは普及のために無償で提供されていたものが、モンサントなどにロイヤリティを支払わないと栽培できなくなるのではないか。

日本の農研機構や各都道府県農試から知見の提供を受けたモンサント、ダウ・デュポンなどは日本のゆめぴりか、コシヒカリなどの新品種をもとにＦ１の品種や除草剤耐性の遺伝子組み換え品種に応用特許を申請するかもしれない。いずれ日本の農家もメキシコ、フィリピンの農家のようにコメを栽培するにもロイヤリティを払わなければ栽培できなくなるのではないだろうか。

◉有機農業の種子もこれからは無農薬でなければならない

有機栽培、自然栽培でコメや麦、大豆を栽培している農家は種子法が廃止されても、自分たちにはあまり関係ないと考えている人が多いと思われる。しかし、日本の現在のコメなどの種子はほぼすべてと言っていいほど農薬をかけて作られている。これからは厳密にいえば、種子も無農薬で栽培しなければ有機栽培のコメとしての表示はできなくなる。

まずTPP協定では附属書の8のGには有機栽培の農産物について、つぎのように記載されている。

有機産品の貿易に関する国際的な指針、規格及び勧告を作成し、改善し、及び強化するため他の締約国と協力すること

TPP協定第8章7条では、食品の表示規格については、自国だけで決めることはできず国際的な基準に合わせることになっているが、有機栽培の国際的な基準では種子に

ついても無農薬で栽培されることが原則になっている。ほとんどの有機栽培農家は知らないが、日本の有機農業推進法に基づく規則、有機農産物の農林規格（最終改訂は2017年3月27日）にも、第4条に有機農産物の生産の方法についての記載があり、圃場に使用する種子、種苗については、無農薬でなければならないことが明確に定められている。

ただ無農薬の種子が入手困難な場合、災害等によって種子の入手が不可能になった時などに例外として使用が許されるとされているに過ぎない。

現在日本の各都道府県で栽培されているコシヒカリなどのコメの種子については農薬の制限はされていないので、ほとんどの種子栽培農家は農薬を使用しているのが現状である。これからはそのような種子を使って有機栽培、自然栽培した作物を有機農産物として表示していたら、輸出先の国からWTOのパネルで訴えられるか、輸出企業からTPPの第9章ISDS条項により日本政府に損害賠償を求められる怖れがある。

ましてや公共の種子がなくなって、民間の三井化学アグロのみつひかり、日本モンサントのとねのめぐみなどになってしまえば、種子を販売しているこれらの大企業、多国籍企業は同時に化学肥料と農薬を販売する会社なので、当然のことながら日本の消費者

代掻きが終わり満々と水を張った有機栽培の水田

は、近い将来有機栽培と表示されるコメが食べられなくなることが考えられる。

一方で明るい話もある。

日本でも公的機関も認めている無農薬のコシヒカリの種子を栽培している農家がいた。民間稲作研究所の稲葉光國《みつくに》さんだ。

私は2017年5月の下旬、栃木県河内郡上三川町に稲葉さんを訪ねた。

稲葉さんの農場は周りを新緑の木々に覆われた小高い丘にあって、日当たりもいい、藤の花が見事に咲き乱れていてすばらしいところだった。ちょうど水田の一画50平方メートルのところに栃木県から購入したコシヒカリの原種が播かれて勢いよく青々とした芽が吹き出しているところだった。

その横の広い水田では代掻きが終わって、満々と水を張った水田が広がっていた。稲葉さんの種子の圃場は県の審査のもとに花粉交雑の少ない種子栽培に適したところとして指定されていて、栃木県が育種したコシヒカリの原種の配分を受けて無農薬で種子の栽培を続けている。遠くに麦の色づき始めた小麦が望まれたが、稲葉さんは米だけでなく麦や大豆の種子栽培にも無農薬で挑んでいる稀有な人である。

稲葉さんの話では、すでに生育を始めている苗も、一般に行われているように2、3本を植えるのではなく、育苗も自らの手作りの機械でポット1本植えで行っているとのこと。何よりも私が驚いたのは一切除草はしないで、コシヒカリの種子の栽培をしていることだった。

どうしてそれが可能になったかを説明してもらった。

田植えのひと月前から水を入れて代掻きし、春先から一斉に吹き出している雑草を根から水に浮き出させてそれを先ず除去してしまう。すると、これから芽を出す種々の雑草の種子も泥に覆われて発芽を抑えることになる。しかも5月下旬に田植えしてひと月は深水にしているので、雑草の種子、なかでもコナギ、ヒエなどは芽を出せないことになる。その間は一切水田に足を踏み入れない。踏み入れれば掻き混ぜて雑草の種子を起こすことになるのだそうだ。

７月中旬に１週間ほど水を抜いて「中干」して、あとは浅く水を張って、なくなったら水を入れる作業を繰り返しながら生育を見守るという。その間の肥料はクズ大豆と山土の粘土、海鳥の糞の化石化されたものを混ぜたものを10アール当たり30キロ使うそうだが、それでいて収量は玄米換算で水田10アール（１反）当たり４８０キロ（８俵）は収穫できるそうだ。

種子は籾なので籾換算では６００キロの収穫はあるそうだが、それを種子にするには、選別機にかけて重たいものだけを選ぶので約半分３００キロがコシヒカリの種子になる。もともと稲葉さんの農法は成苗１本植え、ＳＲＩ農法なので、通常10アール当たり４キロの種籾が必要だが、その半分の２キロで十分だそうで、仲間のコメ農家に１キロ１２００円で頒布している。今では５００ヘクタールの水田でコメ農家による無農薬で栽培されたコメの種子をもとに栽培されている。

ＳＲＩ農法とは現在アジアで注目されているコメの栽培方法でアフリカのマダガスカルで生まれた農法。従来より少ない水と少ない種子で農薬や肥料を使わず多収穫となる。

近代農法では密植、多肥による収量増大を目指したことによって病害虫が発生して、多くの農薬を使うようになった。

成苗の1本植えはイネの分げつという特性を生かした農法で、マダガスカルの牧師が1983年に提唱したといわれている。ところが日本でも1850年代に栃木県の上三川町の田沢仁左衛門吉茂がすでに実現して提唱していた、古くからある農法でもある。

しかし稲葉さんは心配していた。「種子法がなくなって原種、原原種がなくなったら、有機栽培のコメの種子も作れなくなる」と。

第2章

野菜のタネは国産から
すでに海外生産90％に

◉かつて日本の野菜のタネは伝統的な固定種で国産100%だった

種子法は主要農作物でもコメ、麦、大豆に限定されているが、それ以外の農作物野菜などのタネは公的支援の対象になっていない。種子法廃止になって、日本の主要農作物であるコメ、麦、大豆のタネが、これからどうなっていくかを知る上では大事な話なので、この章では野菜のタネがどうなってきたかについて考察する。

かつては日本のどこの田舎でも農家は小豆、インゲン豆、キュウリ、カボチャなど畑で取れたよさそうなタネは成熟するまで残して乾燥させ、翌年それを畑に播《ま》く自家採種があたりまえに行われていた。同じ種子を同じところで育てていると品質が劣化することもあるので、時々農家同士で、それぞれの種子を交換することがあり、そのうちにいいものを作ればタネとしていくらか高く買う農家が現れたので種取りを専門とする農家も現れた。

日本の種子（たね）を守る会の会長でもあるJA水戸の組合長八木岡努さんはイチゴの専業農家をしている。彼の話では「かつて日本の地方（田舎）には、どこの町にも、『タネ屋』さんがあってトマト、ナス、カボチャなどのタネを紙袋に入れて販売していた。

てら種子　健命寺・大谷敏雄住職　提供

当時はトマトやイチゴも1粒、2円ほどだったが、今ではF1（後述）の種子になって1粒40円から50円になってしまった」と話す。

確かに、私が若いころ五島列島で牧場を開いたころには、当時福江でも2軒の「タネ屋」さんがあったのを覚えている。

タネは生きている。不思議なもので、遠い土地から分けられてきたタネでも、その土地に植えて3年もたてば、そこの土壌、風土に合ったその土地のタネになってしまう。

写真を見ていただきたい。大地を守る会の秋元浩治さんから、袋に入った日本の伝統野菜である野沢菜の種子をもらった。小さな紙袋に入っているが、ずっしりとしている。袋の表に「信州野澤温泉場 蕪種《かぶらたね》」朱で「蕪菜原種」「産・健命寺」とあり裏には「てら種子」とあって種子には「タネ」と振り仮名がふられてある。

「これが昔からの日本の原種だ」とすごくうれしい気持ちで、私のブログで、種子法廃止の話と一緒にこのてら種子を紹介したら、ずいぶん反響があっていろいろなコメントをいただいた。先日はなんとその「てら種子」の大もとである曹洞宗薬王山健命寺の住職である大谷俊雄さんから「農産種子」と銘打った丈夫な昔ながらの茶封筒を頂いた。中には、新しい野沢菜の原種2袋と住職からのていねいな手紙が添えられてあった。

私のブログで紹介した野沢菜の原種はお寺で調べたところ、10年以上前のものになるそうで新しいタネを送ってくれたこと、収穫前の菜の花に囲まれたお寺の写真も入っていて、昔ながらの栽培の方法も詳細にていねいな書体で書かれてあった。手紙では「在来固定種を取り巻く環境は甚だ厳しいものがあります。何とか維持しているのが現状です」と、現在「原種」の生産販売が海外による生産に押されている状況を端的に語っていた。

私は伝統的な野菜の固定種を扱っている「野口のタネ」の野口勲さんから、信州の野沢菜は天王山のカブのタネが元の原種ではないかと聞いていた。おそらく天王寺の修行僧がカブのタネを信州に持ち帰ったものだろうと思った。こうしてひと昔前までは、旅の僧侶が新しいタネを各地に伝えていたのではないだろうかと思いをはせた。

そして、昔から集落農民は病気になれば漢方などの薬草を寺からいただき、春、秋になれば寺に用意されているタネを持ち帰って栽培し、それからいいタネを採取して寺に戻す、寺に頼っていたかつての農村が偲ばれる。

日本はこうして地方それぞれに、野菜の優良なタネが「原種」として、当初は交換され次第に販売されるようになった。タネ屋さんが農家に大根やかぼちゃやカブなど形が整った味もよいタネを採取してもらい、よその農家に販売するようになった。農家もタネ取りの手間がかからない。こうして徐々にこのようなタネ屋さんが増えて多い時には全国で4000軒以上もあって、年に1回彼らが自慢のタネを持ち寄って「原種」のコンクールが開かれるようになった。

◉タマネギでF1の種子が始まり、今ではほとんどの野菜がF1に

その頃までは日本の野菜の種子は伝統的な固定種による国産100%で、私たちも安

心しておいしい野菜を食べることができていた。ところが1925年米国でタネの技術者が赤タマネギのタネの採取中に一つだけタネのないネギ坊主を見つけ出した。調べると雄性不稔種、動物でいえば無精子症であることがわかった。それを母親として他の赤タマネギの花粉を受粉させると、そこから生まれてくるタマネギは何代交配しても、すべてがタネのない赤タマネギ、雄性不稔種になることが明らかになった。

現在ではなぜそうなるかについては、ミトコンドリア内の遺伝子異常によるものであることが科学的にも証明されるに至っている。

赤タマネギは甘く、サラダにすれば生でもおいしいが、残念ながら収穫時の2カ月しか持たない。しかし黄色のタマネギは乾燥させれば2、3年は持つので、重宝がられて一般に広く作られている。

この雄性不稔の赤タマネギを大量に栽培する。その横に1列黄タマネギを植えて、ミツバチに黄タマネギの花粉を受粉させれば、みずみずしい赤タマネギの特性と黄タマネギの長持ちする特性を持ったタマネギが栽培できる。こうして数千万株に1個しかない雄性不稔、いわば無精子症の突然変異株を見つけ出して、両方の特性を持つ一代雑種、F1（First Filial Generation）を大量に生産できる技術を完成させたのだ。

それから、この新しい技術をもとにニンジンもF1になり、トウモロコシやキュウリ、ナスなども次々とF1の種子に代わっていくスピードは速かった。

日本でも伝統野菜であるアブラナ科の野菜、白菜、キャベツ、ホウレンソウなどは、宮城県で葉大根の中に「雄性不稔種」が発見された。この葉大根を母体にして次々にF1のアブラナ科の種子が売り出されるようになった。

今では野菜農家が栽培する白菜やキャベツ、大根などほとんどの野菜がF1になってしまった。まだ例外的にF1になっていない野菜は、マメ科とキク科の作物だけだという。たとえばエンドウ豆、インゲン豆、ソラ豆、ゴボウなどはまだF1の種子にはなっていない。しかしすでにサヤインゲン、春菊に雄性不稔が見つかって、いずれF1の種子が販売されることになる。

野口勲さんはF1のタネ取りに使われているミツバチに異変が起こったと述べている。

現在、タマネギ、ニンジンなどから始まってトウモロコシ、甜菜などあらゆるF1種のタネ取りには雄性不稔種をもとに、その花粉を雄性不稔種に受粉させるために大量のミツバチを利用している。

２００７年ころから新聞・テレビで米国、欧州などで「ミツバチが大量に消えた」との報道がなされるようになった。最初の報道は時事通信で全米で突然ミツバチが巣箱に女王蜂と数匹を残しただけで消えてしまったと報道されたが、野口さんは２００９年6月25日の日本農業新聞を指摘する。

記事には「欧州でヒマワリ、ナタネ、トウモロコシの単作地帯で被害が大きい」と書いてある。いずれもＦ１の種子による栽培が行われている地帯だ。記事には「極端に産卵数の少なくなる不妊症の女王蜂の存在に養蜂家が気が付いた」とある。働き蜂たちはヒマワリなどの雄性不稔種の花から蜜を集めている。それらの蜜が女王蜂や産卵を助けるための雄蜂の食事になる。

野口さんは、交尾のために数匹しか生まれない雄蜂たちが男性不妊、無精子症になっているのではないだろうかと仮説を立てている。

さらに異常を起こしているのは、ミツバチだけではない。ヒトの男性の精子の数は１９４０年代には、平均精液１ミリリットル（１ＣＣ）の中に1億５０００万の精子がいたが、現在ではその4分の1に減少しているという。成人男性で精子の数が１５００万以下では男性不妊となるが、すでにその数は成人の2割に達しているといわれている。科学的に証明されているわけではないが、F1の種子が雄性不稔から作られることに私は不安を感じる。

2011年6月東北大学においてミトコンドリアの内膜に異常タンパク質が蓄積すると雄性不稔になるとの研究報告も出されている。同様の研究で筑波大学生命環境系の中田和人教授は、ミトコンドリアの異常が雄性不稔を引き起こすことを突きとめている。私たちの食べる野菜の体積の1割はミトコンドリアだといわれている。

NHKの2009年のスペシャル番組「女と男」でも2000年、2001年、2002年とこの5年間でヒトの男性の精子量が劇的に減少していると報道され、その原因は遺伝的な要因では説明できず、外的要因が疑わしいとして化学工場の写真を載せている。確かに遺伝子組み換え農産物の栽培にモンサントがセット販売している農薬ラウンドアップに使われているグリホサートが精子の数を減少させるとした研究論文や、スイスの学会ではネオニコチノイド（農薬）も精子の数を減らすとした報告もあるが、このような化学物質が原因の複合汚染によるものかもしれない。

高知県で在来種を守る活動をしているジョン・ムーアさんはF1と固定種のアルファルファの栄養分析をテキサス大学で行った結果、明らかに差があったという。そして「このような不自然なものを食べることに問題がある」と指摘している。

私は科学的なことは全くわからないが、直感として野口さんの仮説は無視できないと考えている。素人の主張が科学の世界を変えたことはいくつもある。アスベストの被害についても、ヒトに害を与えることがわかるのに40年もかかったではないか。

日本でも三井化学アグロによるコメのF1の品種「みつひかり」などが全国で栽培されている。

◉野菜のF1の品種は何故これほどまでに急速に普及したのか

こうして40年ほど前から急速に日本も世界も野菜はF1の種子である一代雑種に変貌していくが、どうしてここまでにいたったのだろうか。

まず、ダイコン、ニンジンなどF1の種子は生育が早いとされている。たとえば京都の赤かぶにフランスの家畜の飼料用として栽培されている巨大なカブを交配させるとメンデルの法則での1代目の雑種強勢でフランスの大カブが効いて、早く大きくなる。成長が早くなれば、農家にとっても効率的に野菜を生産することができる。しかもほぼ揃って生育するので収穫時期が一定し、農家としては作業効率がいいことになる。さらに、伝統的な固定種のように、大きいものもあれば、小さいものも出てくることは少なく、大きさが揃っているので箱に詰めやすく、量販店やスーパーの流通には向いている。

最近では野菜農家もビニールハウスで栽培するようになってきて、私が見た宮城県の農場ではサラダ用のベビーリーフを年に12回収穫していた。このような栽培法ではF1の品種が欠かせなくなっている。私たち消費者にとっても、季節に関係なく年中、キャベツ、ダイコン、ニンジンなどを食べることができるようになった。こうして考えると急速に普及したことはよく理解できる。

しかし、日本のサカタのタネ、タキイ種苗などタネの販売業者が宣伝してきたようにほんとうにいいことずくめだろうか。

考えてみなければならない。農家にしてみればF1の種子で野菜を栽培すると、翌年そのタネを自家採種して栽培しても、今度はメンデルの法則で劣性しか出てこないので使えないことになる。結果として毎年タネの販売業者から野菜のタネを購入しなければならなくなった。

しかもF1のタネの価格は年々高騰している。町のタネ屋さんで1粒1円か2円で買えていたタネが1粒50円になったケースもある。先般、新潟県のＪＡえちご上越で聞いた話ではナスの種子が「また高くなった」と話していた。

ところで、このようなＦ１の野菜と伝統的な固定種との野菜の味はどうなのだろうか。日本の種子（たね）を守る会での「タネまきイベント」で伝統的な固定種のマルシェを催した。固定種を栽培している農家が持ち寄った野菜を食べた方々に食味を聞くと固定種は「味が濃い。これを食べるとＦ１の野菜は水っぽい、固定種はエグい感じがする」と答える人が多かった。Ｆ１の味に慣れると固定種の味はそうなるのかもしれない。

見た目がそろってきれいな野菜があたりまえになり、今では私たち消費者も野菜農家にとってもＦ１の野菜のタネは欠かせないものになっている。キャベツ、ダイコン、ニンジン、キュウリなどの野菜が季節に関係なく、一年中スーパーに並び、食べることができるようになったのはＦ１の種子のおかげである。

農家にとってもスーパーなどの量販店が求めている見ばえのよい野菜を提供するためにはＦ１の種子は必要なものになっている。

伝統的な固定種の種子のいいところは何よりも自家採種ができること、その土地、環境にあった多様なものができること。またできた野菜は不揃いだが、Ｆ１に比べて次々に長い間収穫できる利点がある。大量生産に向かない野菜の固定種は有機栽培の農家または家庭菜園などで栽培されている。

後述するが、これから日本でも自家採種して野菜を作ることができなくなるかもしれない怖れが出てきた。

◉日本の野菜のF1種子は、海外でモンサントなどが委託生産、販売している

このように日本の野菜のタネのほとんどが海外で生産されるようになったが、果たしてどこが生産しているのだろうか。

私は2017年8月22日茨城県稲敷郡河内町での日本モンサントの「遺伝子組み換え作物の圃場見学会」に参加した。もともと遺伝子組み換えのコメの栽培の現場を見たくて参加を申し込んだ。私の名前だと断られるかもしれないと思い、佐世保にある小さな福祉施設の役員として申請したが、行くとすでに私の素性はばれていた。

遺伝子組み換えの大豆とトウモロコシの生育状況と慣行栽培との比較を見たが、肝心なコメの遺伝子組み換えの栽培は残念ながらそこにはなかった。見学会での写真や内容

種子・農薬市場の独占

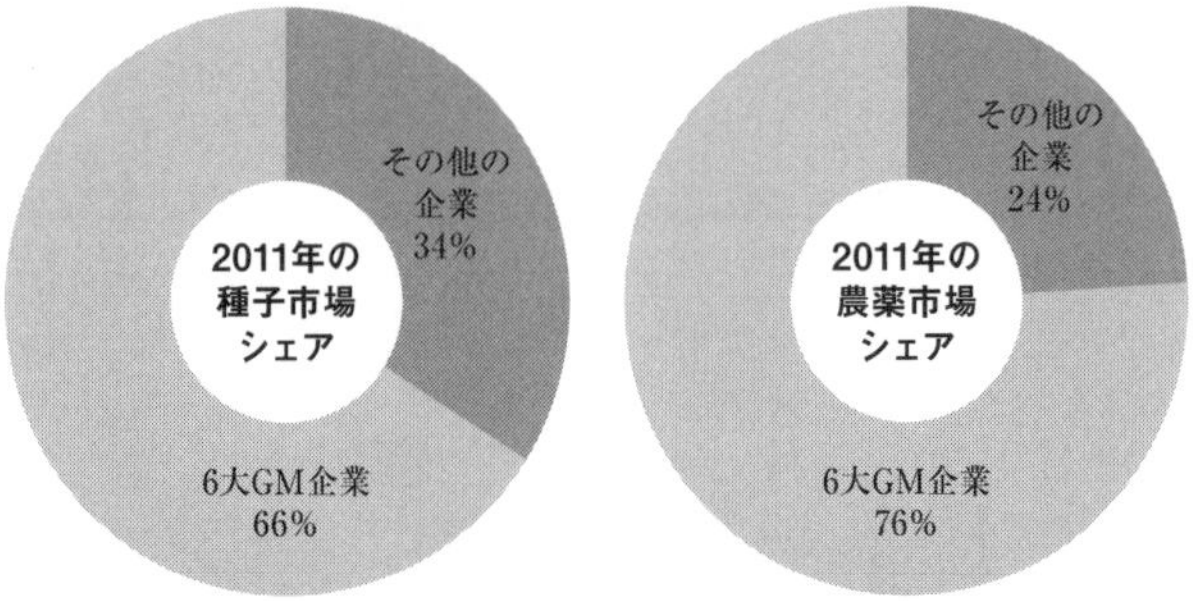

世界の種子市場の約7割弱、農薬の8割弱が6つの遺伝子組み換え企業が握っている。

印鑰智哉氏 提供

については、日本モンサントの承諾がないと発表できないとの覚え書きに署名させられた。

そこで私は意外なことを聞いたが詳細を書くことは許されない。

図表を見ていただきたい。世界の種子市場はモンサント、ダウ・デュポン、シンジェンタなど多国籍企業６社で世界のシェアの66％を占めている。私がその後入手した日本モンサントのリーフレットにも「日本向けの野菜の品種開発、種子販売（従来育種）」としっかり書かれている。

モンサントは遺伝子組み換えの種子の生産販売だけでなく野菜のＦ１のタネを含む非遺伝子組み換え分野の売り上げが全世界で年間８億１００万ドル（９１４億６０００万円・

２０１６年）。

農水省は日本のサカタ、タキイなどの種苗会社も海外で生産していると述べているが、野菜の種子のパッケージには南米からアフリカ、インドなど世界中で種子が作られていて広大な面積に安い人件費でなければ利益をあげられないと思われる。確かに日本の企業も一部は海外で生産しているだろうが、世界の種子市場のシェアから見ても、我々が日常日本で食べている野菜の種子は、モンサントなど世界の多国籍企業によって生産されたものを食べていることになる。

◉遺伝子組み換えトマトがつくば特区で栽培されることになる？

野菜の種子でほとんどの野菜がＦ１になり海外でモンサントなどの種子の多国籍企業で栽培されていることは述べたが、さらに野菜のタネが遺伝子組み換えになる心配が現実のものになりつつある。

すでに米国などでは遺伝子組み換えのジャガイモ、甜菜、アルファルファ（牧草）が栽培されて、日本にも輸入されている。ジャガイモのポテトチップ等加工食品の原料、お菓子の甘味料にも遺伝子組み換えの甜菜の砂糖、遺伝子組み換えトウモロコシからできた異性化糖などが使われ、日本の加工食品には欠かせない存在になってきている。

また最近では遺伝子組み換えのアクリルアミド低減性のジャガイモが生産されていて、それらの種イモは日本への輸入も認められている。

日本政府はすでに遺伝子組み換えの農産物ジャガイモ、トウモロコシ、甜菜など、世界で最も多い３０９種類の品種の種子で商業用の栽培を認めている。次ページの表を見ていただきたい。日本政府はＴＰＰ協定を批准してから矢継ぎ早に遺伝子組み換え作物を承認してきたが、米国でも認められているのは１９７種類しかない。

それらの農産物は、今でも農家は栽培しようと思えばいつでも栽培できる状態にある。

もしも北海道で遺伝子組み換えの除草剤耐性、Ｂｔ毒素入りの害虫耐性を持つ甜菜が栽培されたら、同じ科の野菜と交雑を起こして、瞬く間に汚染が広がりメキシコなどの一部で有機栽培のできない汚染地域になったように、北海道もそうなる可能性がある。

何よりも懸念されるのは近いうちに茨城県のつくばを遺伝子組み換え特区にして遺伝子組み換えのトマトの栽培がされようとしていることだ。かつてキリンビールがいつまでも保存できるトマト、熟成遺伝子をカットして、春に収穫して秋まで販売できるトマ

突出する日本の遺伝子組み換え作物の承認数

	2015年11月1日	2017年1月29日	2018年1月2日
日本	214	232	309
米国	187	195	197
韓国	136	149	164
EU	86	95	99
フィリピン	86	88	88
中国	60	63	64
ブラジル	50	60	68
ロシア	23	23	24
インド	11	11	11

2016年TPP協定署名後　急激に増加している　　ISAAAのデータベースより

トの種子を開発したが、企業イメージを考慮したのか実用化を断念したいきさつがある。

今回承認された遺伝子組み換えトマトはミラクリントマトと称してミラクリン（酸味を甘味に変えるタンパク質）をトマトに作らせて健康食品に加工する狙いのようだが、農水省はこのミラクリントマトの隔離圃場における試験栽培について、2018年3月30日を期限としてパブリックコメントを募集していた。こうしてトマトなど遺伝子組み換え特区で栽培が始まったら次々に生食用の野菜が栽培される可能性が大きい。

ミラクリントマトは筑波大学と理化学研究所の植物開発の技術・インフラを提携する株式会社インプランタイノベーションズが申請

ミラクリントマト

者となって試験栽培と一般使用に関する承認を受けた。すでに特許を取得し、今後は国内初の遺伝子組み換え加工食品の認可を目指している。経済効果を約50億円（年間50トンの生産・加工）と想定し、国内で３００億円以上、世界で１８００億円以上の市場規模（糖質制限分野）を見すえている。

また農水省は大手種苗会社のタキイ種苗に２００１年４月３日に、カリフラワーとブロッコリーの遺伝子組み換え種子の栽培についてすでに承認を与えているので、このような遺伝子組み換えの野菜が栽培されることも近い将来十分考えられる。

左の表を見ていただきたい。国の安全性審査の手続きを経た遺伝子組み換え作物はジャ

安全性審査の手続きを経た旨の公表がなされた遺伝子組換え食品及び添加物一覧

厚生労働省医薬・生活衛生局食品基準審査課
平成30年2月23日現在

1. 食品(318品種のうち、じゃがいも9品種を掲載)

名称	性質	申請者 開発者等	官報 掲載日 (年.月.日)
ニューリーフ・ ジャガイモ BT-6系統	害虫抵抗性	日本モンサント株式会社 Monsanto Company (米国)	2001.3.30
ニューリーフ・ ジャガイモ SPBT02-05系統	害虫抵抗性	日本モンサント株式会社 Monsanto Company (米国)	2001.3.30
ニューリーフ・ プラス・ジャガイモ RBMT21-129系統	害虫抵抗性 ウィルス抵抗性	日本モンサント株式会社 Monsanto Company (米国)	2001.9.14
ニューリーフ・ プラス・ジャガイモ RBMT21-350系統	害虫抵抗性 ウィルス抵抗性	日本モンサント株式会社 Monsanto Company (米国)	2001.9.14
ニューリーフ・ プラス・ジャガイモ RBMT22-82系統	害虫抵抗性 ウィルス抵抗性	日本モンサント株式会社 Monsanto Company (米国)	2001.9.14
ニューリーフY・ ジャガイモ RBMT15-101系統	害虫抵抗性 ウィルス抵抗性	日本モンサント株式会社 Monsanto Company (米国)	2003.5.6
ニューリーフY・ ジャガイモ SEMT15-15系統	害虫抵抗性 ウィルス抵抗性	日本モンサント株式会社 Monsanto Company (米国)	2003.5.6
ニューリーフY・ ジャガイモ SEMT15-02系統	害虫抵抗性 ウィルス抵抗性	日本モンサント株式会社 Monsanto Company (米国)	2003.6.30
アクリルアミド産生低減及び 打撲黒斑低減ジャガイモ (SPS-00E12-8)	アクリルアミド 産生低減打撲 黒斑低減	J.R. Simplot Company J.R. Simplot Company (米国)	2017.7.20

ガイモだけで9種類もある。

世界でも遺伝子組み換えの野菜はすでにナス、カボチャ、ピーマンなど栽培されているので、いずれ野菜でも遺伝子組み換えの品種が日本のスーパーに並ぶ日は、意外にも近いのではないだろうか。

他にも懸念されることがある。日本ですでにサントリーが遺伝子組み換えによる青いバラを栽培して売り出していることはよく知られている。バラだけではなくチューリップ、ユリなどで青い色素の遺伝子組み換えの花、また菊などでも栽培が試みられているが、花ならヒトが食べるものではないから大丈夫だというわけではない。花で懸念されるのは他の自然界の野生植物、野菜との花粉による交雑が生じていくことになる。

たとえばバラ科には梨、リンゴ、ビワなどがあるのでそれらの果樹に遺伝子組み換えの汚染が広がることになり、そうなればそれらの地域では有機の梨、リンゴなどの栽培ができなくなる可能性がある。

このようにコメ、麦類、大豆のような公的な支援（主要農作物種子法）がなくなると野菜の種子にみられるように、次々に人工的なもの、F1の品種から遺伝子組み換えの種子、ゲノム編集によるものと、自然界にあったものとはほど遠いものを私たちは食べることになる。

◉伝統的な固定種の種子は、有機栽培農家、自家菜園で細々と守られている

もう50年ほど前の話になるが私は若いころ、長崎県五島で牧場を開いたときに有吉佐和子の『複合汚染』を読んで衝撃を受けた。今では古典になったレイチェル・カーソンの『沈黙の春』を読んで、さらに決意して牛の餌も抗生物質は使わない自家配合で、飼料の麦の自家栽培に挑戦した。今になって考えれば若気の至りで、7ヘクタールの小麦が収穫前の2晩の雨に打たれて無残な結果に終わったことがあった。

それから、人参ジュース断食で有名な石原結實医師と一緒に長崎で有機栽培の「土と文化の会」を作った。最初の会長は『まぼろしの邪馬台国』を書いた盲目の作家宮崎康平さんで、会の名前も規約も自ら作られた。私が事務局長を務め、私の法律事務所の1階で有機栽培の野菜を集荷、分配して残りは私の牧場直営の肉屋で販売をしていた。

今では日本で最も古い有機農業の会の一つになっている。その「土と文化の会」で20年ほど前から伝統的な固定種の野菜の種子の交換会を開いていたのが雲仙の固定種野菜

のタネ取りを30年間続けてきた岩崎政利さんだった。

彼の著書『たねは誰のもの』（発行元（有）ペブル・スタジオ）は詩を奏でるような文章ですばらしい。

私はそのころには政治家になっていて岩崎さんには会っていない。なんとしても一度お会いしてタネのことをいろいろ教わりたいと思い、春爛漫の3月末、雲仙に岩崎さんの「種の自然農園」を訪ねた。岩崎さんは種採りのお弟子さん、農場で実習生としてタネの命を引き継ぐ若い人3人と一緒に私を待っていてくれた。小さな事務所兼作業場には部屋いっぱいにアブラナ科の黄色や赤、紫の色とりどりの花が鉢に植えられて私を迎え入れてくれた。

岩崎さんの著書には次のように書かれてある。

「とくに在来種、伝統野菜は花の色も濃く美しい花を咲かせると感じます。これがほんとうに野菜の花かと思えるような美しい花を次々に咲かせていきます。この時に限って、野菜が一瞬、野菜から神に変わったかと思えるほど輝きます」

美しい花の鉢にはそれぞれの種子の名前が書かれてある。岩崎さんは「これは、宮崎県の椎葉村で椎葉クニコさんが50年間タネを採り続けてきた平家大根です」と赤紫の花の鉢を手渡してくれる。

それぞれの鉢のタネに物語がある。岩崎さんは著書の中で次のように語っている。

「……虫や風と一緒になって、野菜を愛で、語り合い近づいていくのです。そのような時が一番うれしい」と。

彼は高校生の時に近所の種屋さんの峰眞直さんが栽培していたこぶ高菜を見たことがあった。峰さんが亡くなりしばらくして、それを思い出して土手に雑草として残されたこぶ高菜の育種を試みたが、交雑がひどくて育種は無理だった。あきらめかけていたが、峰さんの娘さんに聞いたらお父さんが亡くなった後もお母さんが長い間守り育てていたことを知り、その種子を「雲仙こぶ高菜」として育種、世に広めた人でもある。

各地でそれぞれに伝統野菜を掘り起こして守り育てている。雲仙こぶ高菜もその一つで、それを饅頭の中に詰め込んだものが雲仙では特産品として売り出されていて、岩崎さんは嬉しそうにそれを私に差し出した。

雲仙こぶ高菜はイタリアのピエモンテにあるスローフード協会本部からプレシディオに認定された。プレシディオとはスローフード協会が世界の守るべき種子と厳しい審査のもとに認定するもので、岩崎さんは認定式参加のためイタリアに招待されている。

その時に一緒に行ってローマで日本食を出店した馬場さん（地元の主婦グループでお弁当の仕出しをしている）が、岩崎さんの伝統野菜で作った弁当を出してくれた。タネの命を繋ぐ若い人たちと一緒にいただいたが、普通では考えられないもったいない話で感動した。ありがたいことに、このように今でも全国各地で有機栽培、自然栽培の生産者が固定種の伝統野菜の種子を細々と守り育てている。

雲仙の岩崎政利さんの農場

第3章

タネは民間に委託するとして公共の種子を廃止

◉安倍内閣は民間の活力を最大に生かすために、突然国会に提案した

種子法は突然2017年2月10日の閣議決定で廃止法案が国会に提出された。それまで新聞などでも報道されることもなく、長い間農政にかかわってきた私にも寝耳に水で何のことかと疑った。

その日、私は浅草橋である食のイベントに参加していた。偶然にお会いした遺伝子組み換え問題に取り組んでいる印鑰智哉さんと長い間種子及び農業問題に取り組んできた大地を守る会の秋元浩治さん、食の安全に詳しい杉山敦子さんと4人で食事することになった。

話題は種子法廃止になって、その場でいろいろ調べ始めた。

政府の説明では「種子法は戦後食糧増産のために、コメ、麦、大豆等主要な穀物の種子を種子法で優良なものを安定して供給できるように制定された法律で、コメも消費が落ち込んで生産が過剰になった現在ではその役割は終えた」と説明している。

ほんとうにそうだろうか。確かに種子法は1952年に戦後食糧事情の逼迫した時に制定された法律だが、その後何度も改正されて現在では法律の目的も「主要な農産物の

優良な種子の生産及び普及を促進するため」と変わっている。今日では主要な農産物の種子は国が管理して、生産、普及について各都道府県に原種、原原種を採種、優良な種子の増殖を義務付けして、農家も公的に増殖された優良な種子を安価な価格で購入できる制度である。

むしろ、農家も消費者も「あたりまえ」のこととして、今回の突然の種子法廃止法案が国会に提出されるまでこのような制度があることすら、気が付いてなかったのが真相だといえるのではないだろうか。

政府は次のように説明している。

「国家戦略として農業の分野でも民間の活力を最大限活用しなければならない現代、民間による優秀な種子の利用を種子法が妨げているので廃止する」と。

国家戦略として、日本の古来からの在来種である伝統的なコメの種子を守るなら理解できるが、三井化学アグロのみつひかり、日本モンサントのとねのめぐみなどの民間のコメの種子の普及が妨げられているから廃止するという。国民の立場からすればこれが国の利益を守るための国家戦略とはとても思えない。

それにしても政府は全国8カ所の種子法廃止の説明会で三井化学アグロのみつひかり

みつひかり栽培面積の推移

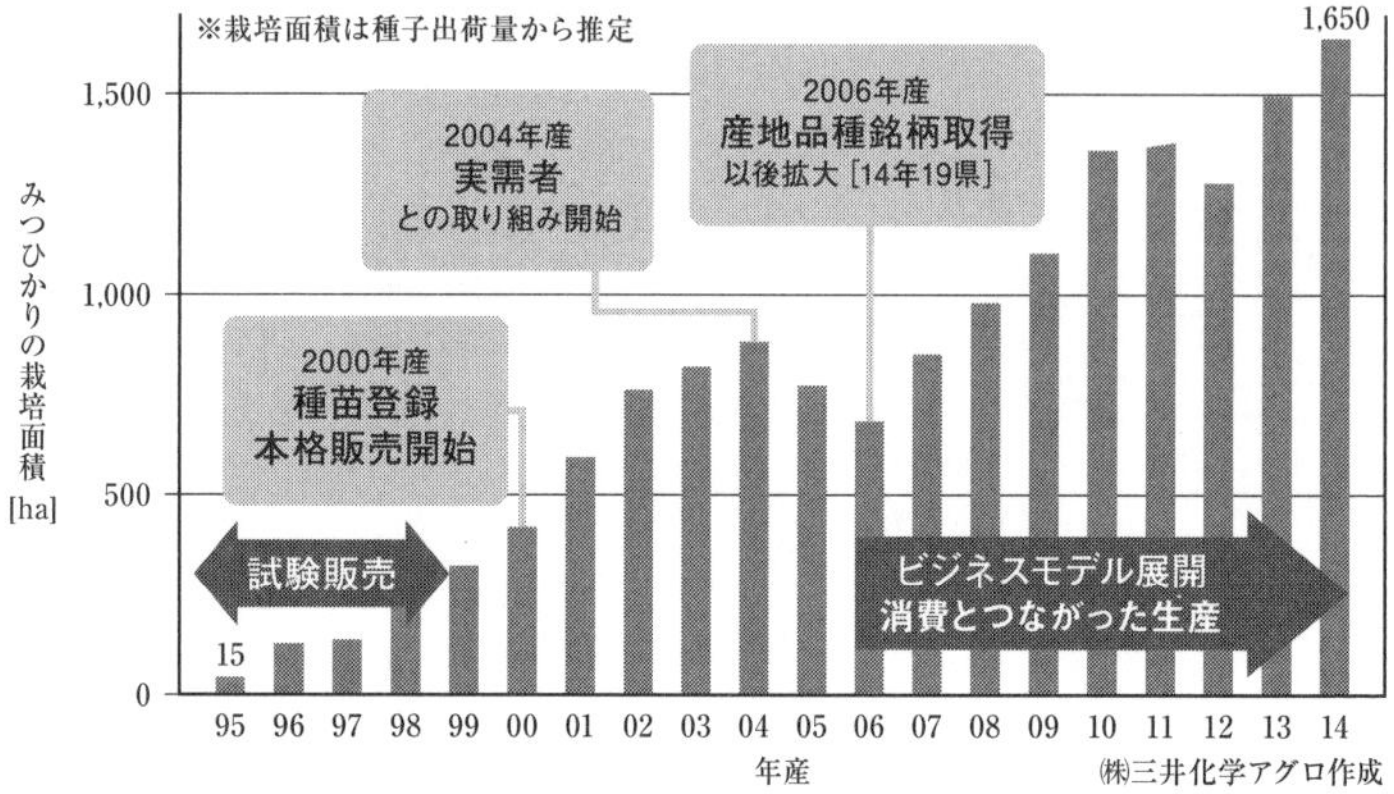

を民間にもこのような収量も多く味もいい優良な品種があると説明して回った。（左ページ参照。説明会で配布した資料）

農研機構や各県の産地品種でも多収で優良な品種はあるのに、農水省が公費を使って民間の一企業のコメの品種を宣伝していいものだろうか。

これまでは考えられないことだった。

すでに平成11年の種子法の改正でみつひかり、とねのめぐみなど民間の品種もいくつかの県では優良な産地品種に決定されていて、種子法が民間の種子の利用を妨げていることは理由にならない。

三井化学アグロ「みつひかり」の例

みつひかりが栽培されている38都府県（2014年産）

東　　北：宮城県、山形県、福島県
関　　東：茨城県、栃木県、群馬県、埼玉県、千葉県、
　　　　　東京都、神奈川県、山梨県、静岡県
北　　陸：新潟県、富山県、石川県、福井県
東　　海：愛知県、岐阜県、三重県
近　　畿：滋賀県、京都府、大阪府、兵庫県
中国四国：岡山県、広島県、鳥取県、島根県、山口県、
　　　　　香川県、徳島県、愛媛県
九　　州：福岡県、佐賀県、長崎県、大分県、熊本県、
　　　　　宮崎県、鹿児島県

栽培されていないのは、北海道、青森県、岩手県、秋田県、長野県、奈良県、和歌山県、高知県、沖縄県の9道県

㈱三井化学アグロ調べ

需要先とみつひかり生産者との連携

希望した生産者には大手牛丼チェーンからノボリを提供。
みつひかり栽培ほ場に設置

政府が説明会で配布した資料

◉種子法廃止はＴＰＰ協定の内容そのものである

私は足かけ8年にわたってＴＰＰ阻止運動を続けてきた。

各国で行われたＴＰＰ閣僚会議にもほとんど参加して、各国のＮＧＯと連絡をとりながら首席交渉官とも会食などして秘密交渉の情報を収集していた。米国に十数回は行き、政治家、政府関係者と関係団体、企業とも何度となく会ってきた。

米国の国民の80％は、20年前に締結された米国とカナダ、メキシコとの間のＮＡＦＴＡ（北米自由貿易協定）に懲りてＴＰＰに反対している。

自由貿易は６００社の多国籍企業と富裕層にとっては莫大な利益を得ることができるものの一般国民にとっては実質賃金はどんどん下げられ、貧富の格差が極端に拡大したに過ぎない。

米国民にとってこれ以上アジアとＴＰＰを締結したら、現在かろうじて残っている自動車の工場なども、さらに低賃金のベトナムなどの東南アジアに移行する。ＴＰＰは米国民に失業と貧困をもたらすだけだと身にしみてわかっているのだ。

大統領選でもＴＰＰ反対を前面に打ち出したバーニー・サンダースの躍進ぶりがあり、

トランプ大統領もヒラリー候補ですらTPP反対を訴えざるを得なかった。日本のメディアは「なぜ米国民がTPP、行き過ぎた自由貿易に反対しているか」についての事情を報道しようとしない。

実はこのTPP協定と種子法廃止は深いつながりがある。

TPP協定第11章は「越境サービス」の章、第15章「公共調達」、第17章「国有事業」、第18章「知的財産権」の章があって、それぞれに種子法廃止とかかわり合っている。これまで私たち日本国民が享受してきた公共のサービス、たとえば学校教育、水道、下水道、医療、介護など、主要農産物種子法もまた公共によって管理され、安定して提供されてきた公共のサービスの一つである。これらの私たちがあたりまえに享受している公共のサービスは、金額に換算すればなんと70兆円を超えるといわれている。

原則として国民が納める税金で賄われてきたこれらの公共サービスをすべて民営化して、米国などの多国籍企業にビジネスとして開放することを約束した協定である。郵政事業が民営化されて、アフラックに保険を販売させているのと同じことになる。

もともとTPP協定は、交渉参加前から原則として「ヒト」と「物」、「金」、「サービス」の4つが国境を越えて自由に行き来できることになると報道されていた。

主要な農産物の種子も、予算措置をして国が責任を持って各都道府県に原種、原原種などの増殖、管理、厳格な審査などを義務づけて、農家に安定して安価な種子を提供している公共のサービスである。このことは日本が批准した「食料・農業植物遺伝資源条約」第19条4の部分に「締約国は十分な量の種子が、播種を行う上で最も適切な時期に、手頃な価格で小農が利用できるようにしなければならない」とある。

しかし日本政府がTPP協定を批准してその内容を履行するとなれば、種子についても国の予算措置を廃止して公共のサービスとしての役割を終えて、すべて民間企業に任せることになる。

◉日米間のTPP並行協議で重大な交換文書が交わされた

TPP協定に日本が参加した2013年3月に交わされた日米並行協議はいまだ生きている。本来ならば、当初のTPP日米並行協議はTPPが発効されなければ無効になるとされていた。しかし安倍首相は国会でも米国が離脱して発効が不可能になったにもかかわらず有効であると答弁して、いつの間にかその部分は削除されている。これも森友学園の公文書のように一種の改ざんと言えるのではないか。

これまで日本は米国との通商交渉においては、スーパー301条による鉄鋼、その後のモス交渉（医薬品）と一方的に押し切られて、苦い経験をしてきている。

トランプ大統領は最近、自国第一主義でロシア、中国、日本にスーパー301条などで強く迫ってきている。

かつて米国は「対日年次要求」という形で、日本に大型商業施設の開放を求め、EU諸国は断ったので専門店が残っているが、日本は瞬く間に商店街が消えてしまった。郵政民営化については米国ですら郵便事業は公共サービスとして国営で残しているのに、構造改革の美名のもとに民営化をさせられた。

民主党が2009年政権交代した時に鳩山政権では初めてのことではあるが、この米国からの一方的な対日年次要求を断った。当時日米地位協定の見直しの問題からしても私たちが民主党として野党時代から検討していた当然の帰結だった。当時の外務省も対日年次要求はやむを得ないとしても日米FTAによる通商交渉だけは何としても避けたかったのが本音だったようだ。

ところが安倍自公政権はTPP交渉に参加するだけでなく、最も避けなければならなかったＴＰＰ協定による協議だけでなく、ＴＰＰ交渉の項目以外の事も日米間で協議を続けることに合意したのだ。当時米国のパブリックシチズン（米国で最も大きな消費者団体）のローリー・ワラック女史からすぐに、「各国が笑っているが、日本はなぜあのような屈辱的な日米並行協議を認めたのか」と連絡があった。

これがＴＰＰ協定日米並行協議である。

この日米並行協議によって、２０１６年2月4日ニュージーランドでＴＰＰ協定に米国も含む12カ国が署名した時に日米の間で、これからの日本にとって重大な影響を与える交換文書を交わした。

これはＴＰＰ協定の付属文書として、「保険などの関税措置に関する日本国とアメリカ合衆国との間の書簡」に日本政府の仮訳もあるので、サイトで確認して欲しい。そこには次のように記載されている。

3　規制改革

日本国政府は２０２０年までに外国からの対内直接投資残高を少なくとも倍増させることを目指す日本国政府の成長戦略に沿って、外国からの直接投資を促進し、並びに日本国の規制の枠組みの実効性及び透明性を高めることを目的として、外国投資家その他利害関係者から意見及び提言を求める。意見及び提言は、その実現可能性に関する関係省庁からの回答とともに、検討し、及び可能な場合には行動をとるため、定期的に規制改革会議に付託する。日本国政府は、規制改革会議の提言に従って必要な措置をとる。

これを読んでまさに私は終戦直後、戦艦ミズーリ号上で重光葵外務大臣が署名した降伏文書に等しいではないかと憤慨《ふんがい》した。しかも米国政府ではなく、ＴＰＰ実現のために米国の投資家、多国籍企業の要望を聞いて、そのために必要な措置を取りますと約束したことになる。これを受けて、種子法は廃止され、新たな農業競争力強化支援法が成立した。そして種苗法21条が改正されようとしている。

こうして、日本だけがＴＰＰ協定を批准した２０１６年から規制改革会議を規制改革推進会議と名称を改め、次々にワーキンググループを作って本格的な実施に取り組んだ。

実際にはそれ以前の３年も前から日米のＴＰＰ並行協議は続けられていたのだから、農水分野でも日本政府は米国の投資家、農水分野でいえば、カーギル（穀物メジャー）そしてモンサント、ダウ・デュポンなど種子と農薬、化学肥料の多国籍企業から十分に要望を聞いていたはずである。当然日本に対して主要農産物の種子を売り込みたいが、種子法による各都道府県の優良品種奨励制度が非関税障壁であるのでこれを廃止して欲しいと。ところがこのような要望については、一切話題にもならず新聞報道などもなかった。

水面下で密かに交渉を続けてそれが2017年2月突然表に出てきたのだ。

私もうっかりしていた。これまでTPP交渉を追いかけてきて、米国の多国籍企業の狙いはTPPでの第18章「知的財産権」の章からして、医薬品がターゲットだと考えていた。

バイオ製剤の分野がジェネリック医薬品を作れない保護期間、事実上の特許期間を新たに創設して12年を設ける、いや7年だとか最後までなかなか決着がつかなかったことからしても、米国の最大の狙いはファイザーなどの製薬会社が医療保険に思い通りの高い薬価を飲ませることで莫大な利益をあげようとしているとばかり思っていた。

たとえばグラクソ・スミスクライン社の子宮頸がんワクチンは、化学合成剤なので原価は100円に過ぎないが、日本政府は1本7万円で購入している(副作用があまりにも多発して国民の反対もあり、現在は接種を中断している)。米国ではトランプ大統領がファイザーなどの製薬会社を集めて「医薬品の価格は天文学的な数字ではないか」と揶揄して大幅な値下げを求めている。

ところが米国のほんとうの狙いは主要な農産物の種子にあったのだ。

「種子を制する者は世界を制する」と20年前に私が訪米したときから、すでにどでかい看板が米国に揚げられていたが、当時はそれほど気にも留めていなかった。

今日では世界種子市場の8割はバイエル、モンサント、ダウ・デュポン、シンジェンタ、BASF（ドイツに本社がある世界最大の総合化学メーカー）など7社で生産されている。遺伝子組み換えの種子はモンサントが90％のシェアを持っている。

モンサント法案と呼ばれている自家採種禁止法案（農民が自分たちで種子を保存したり交換したりしたら犯罪になる）は農家が毎年これらの種子企業から種子を購入しなければならなくなる。今ではモンサント法案は南米諸国からアフリカ諸国をかけ巡っている。

2013年8月にはコロンビアで多国籍企業のロビー活動によってモンサント法案（第5章146ページ参照）が承認された。しかしモンサント法案を施行するやコロンビア全土で農民のストライキが起きて2年間凍結している。同年にはメキシコも同法案を廃案、翌14年にはチリも廃案している。コスタリカは遺伝子組み換えフリーゾーン改革を宣言した。グアテマラでは議会が承認したものの憲法裁判所がモンサント法案に憲法違反の判決を出している。

現在ではモンサント法案はアフリカ諸国に脅威をもたらしている。ビル&メリンダ・ゲイツ財団が世銀と連携して貧困による栄養不良をなくすのだとしてUPOV条約を盾にアフリカ諸国にモンサント法案を押し付け、2014年にはガーナで、2016年にはケニアで、翌年にはナイジェリアで遺伝子組み換えの種子を政府が配っていて、農民たちの間では激しい反発が起こり始めている。日本では種苗法21条3項で法律を変えることなく農水省の運用によって、さらに政府は法律を改正して自家増殖（採種）禁止を実現しようとしている。

◉日本の種子法廃止は国民に知らされないままに国会で成立した

おそらく安倍自公政権は米国のモンサントなどの要望を受け入れて、極秘のうちに2016年の早い段階から農水省に種子法廃止の検討をさせたものと思われる。農水省内部では種子法廃止法案はこれまでの国内のコメなど主要農産物を育成してきた立場から180度転換するものなので、かなり抵抗があったようだ。

しかし安倍総理の有無を言わさぬ官邸人事で農水省事務次官本川一善がわずか10カ月で退任、代わりに奥原正明が次官に就任してからは、農協の解体も含めて一気に進み始めた。ちなみに奥原正明は当時60歳。本来ならば退官もしくは民間に出向するケースが多い。また、彼は規制改革推進会議のメンバーになるとも噂された人物でもある。

当然のことながら種子法廃止法案と農業競争力強化支援法はセットで規制改革推進会議に付託された。規制改革推進会議は農林分野のワーキンググループを設置することにして、そこで種子法廃止と農業競争力強化支援法の検討に入った。

当時、新聞テレビ等の報道では小泉進次郎が農政改革の牽引《けんいん》者として、農家は農協から肥料、農薬などの農業資材を高く買わされていると批判、農協に改革を求めた。実際に農協の連合体の司令塔として農民運動を指揮して、政府、自民党などとの交渉に当たっていたJA全中（全国農業協同組合中央会）は事実上解体されて一般社団法人に格下げされた。

今では監査権限もなくなり、全国にある652のJAに対して種子法廃止及び農業競

規制改革推進会議・農業ワーキング・グループ委員・専門委員名簿

	氏　名	役　職
座　　長	金丸　恭文	フューチャー代表取締役会長兼社長　グループCEO （未来投資会議構造改革徹底推進会合「ローカルアベノミクス」農業分野担当副会長）
座長代理	飯田　泰之	明治大学政治経済学部准教授（金融・財政政策論）
委　　員	野坂　美穂	多摩大学経営情報学部専任講師（経営戦略論）
委　　員	長谷川幸洋	東京新聞・中日新聞論説副主幹
委　　員	林　いづみ	桜坂法律事務所弁護士
専門委員	齋藤　一志	庄内こめ工房代表取締役
専門委員	藤田　　毅	フジタファーム代表取締役
専門委員	本間　正義	東京大学大学院農学生命科学研究科教授
専門委員	三森かおり	ぶどうばたけ取締役
専門委員	渡邉　美衡	カゴメ取締役専務執行役員経営企画本部長

出所）　内閣府「規制改革推進会議委員名簿」

争力強化支援法に反対運動を指揮する権限もなくなっているのではないかと思われる。

こうして、日本の農業の根幹に当たる問題を国会で論議されることなく規制改革推進会議が担うことになってしまった。

自民党議員の中にも「国会軽視ではないか」と問題にする者もいて、当時の農業新聞に「規制改革推進会議に法的根拠はない」と書かれたことがあったが、自民党の安倍一強体制の下では国会議員といえどもどうしようもなかった。

ちなみに規制改革推進会議農業ワーキング・グループの9月20日の第2回では、農業用資材の引き下げについて「主要農産物の種子」に関する資料が初めて出されて、農水省から次のような説明がなされている。

「主要な農産物の種子の開発者については国、県、民間となっているが、法律によって県が優良品種制度を決めているので、各県でも広く作付けされている民間の優良品種である『みつひかり』は優良品種に指定されていない。このことは県が自ら開発した品種を優良品種として普及させているので民間の種子産業の参入をしにくくしているのではないか、種子についてはこういう制度的な課題があるのではないか」とあたかも民間の品種は一つも優良品種としての指定がなされていないかのようにされている。

京都大学の久野秀二教授の指摘では全農の品種と個人育種家の品種がすでに登録されていてみつひかりは岐阜県、滋賀県、兵庫県、岡山県、香川県で産地品種銘柄の指定を受けている。同教授は「東大の本間正義教授は農業経済学者としてはたいへん優れた人だが、いつも政府側の立場で発言されることでも有名で、このワーキンググループでは専門委員として『種子法廃止をするにあたっては、ていねいに例をあげて民間の優良な品種であるみつひかりが差別されて民間の活力を阻害していることを説明すべきではないか』と指摘しただけで、それ以上の審議がなされた事は議事録などからもうかがえない」と述べている。

その後はワーキンググループの議論は「農業競争力強化支援法」の話になって、この分野では、農業資材の銘柄が多すぎて経費高になっているから集約すべきであるとしている。農業資材には種子も含まれるが、ワーキンググループにおいても、農水省も種子についてはひと言もふれず議論もされていない。種子の育種、素材についても国や都道府県の知見を民間に広く提供させるべきといったことがおもな議論になっている。

そして第9回のワーキンググループでの議論で本間政府委員が「種子法廃止は結構だ」と述べただけで一切の議論がなされないままに、この主要農産物の公的な種子制度の廃止が規制改革会議の提言になってしまった。

第10回のワーキンググループで農業競争力強化支援法の説明の際に種子の知見について重要な話を始めた農水省の審議官は「民間事業者が行う技術開発や新品種の育成を促進するとともに、独立行政法人の試験研究機関や都道府県が所有している種苗の生産に関する知見の民間事業者への提供を促進するとの規定を入れた」と説明している。

それが農業競争力強化支援法の8条4項になったものである。言い換えれば、官邸は農水省次官人事で農水省を骨抜きにして、多国籍企業で投資家であるモンサントなどの要望通りに規制改革推進会議に付託し、そこでは何の議論もなされないままに閣議決定してしまった。

ＴＰＰを追いかけていた私がそれらの事実を最初に知ったのは、日本経済新聞の1月13日の記事だった。その後すぐに日本農業新聞でも取り上げられるに至って、官邸そして農水省は慌てたのではないだろうか。

私も農水大臣の経験があるのでよくわかっているが、農水省での法案を提出するにあたっては必ず農水審議会にかけてあらゆる立場からの議論、必要な場合にはパブリックコメントにかけるなど、ていねいな手続きを経るのが通例である。ところが今回の種子法廃止法案は最低限必要とされてきた農政審議会の議論もしないままに、規制改革推進会議の提言を直接受けて、直ちに2月10日に閣議決定している。

このことは、その後の法案の国会審議中に民進党の衆議院議員福島伸享議員の国会質問で明らかになった。

2月中に同法案は政府提案の閣法として国会に提起された。法案提出の理由も「最近における農業を巡る状況の変化に鑑み、主要農産物種子法の廃止をする必要がある。これがこの法律案を提出する理由である」とあるだけだった。

全く法案提案の理由になっていない。官邸はこの法案の真の意図が、世界の多国籍企業モンサント、ダウ・デュポンや日本の化学企業に日本のコメ、麦、大豆の種子市場を明け渡す点にあることを農協関係者、各県の農業試験場、苗場農家、生協など消費者団体を含め、広く国民に知られてしまうことをよほど怖れていたものと思える。

◉衆参両議院でわずかに12時間足らずの審議で成立

国会の法案審議はすぐに始まった。

まず衆議院農水委員会が3月8日に開かれ、共産党の畠山和也議員が「10年前の農林水産業地域振興タスクフォースでは、民間からの参入の要求に対して、農水省は『すでに法改正して、運用規則も何度も改定しているので妨げになっていない』と答弁しているではないか。何を今になって民間の参入の妨げになっているというのか」と鋭い追及をしている。衆議院ではほかにも民進党の小山展弘《のぶひろ》議員（当時農水委員会の野党筆頭理事）が農業競争力強化支援法8条4項の種子に関するこれまでの知見が民間企業に提供されることについて次のように質問している。

「同法案第8条4項では、独立行政法人の試験研究機関及び都道府県が有する種苗の生産に関する知見の民間事業者への提供を促進するとの規定があります。
これまで税金を使って重ねてきた日本のすぐれた種子研究の知見を、国内民間企業はおろか外資にまで公表することは、主権の放棄にも等しい暴挙であります。加えて、日本の農産品の競争力の低下も招きかねず、国民に対する背信行為以外の何物でもありません」。

野党の議員は随分と頑張ったものの、3月23日衆議院ではあっけなく、わずか5時間あまりの審議で賛成多数で成立してしまった。

危機感を持った私たち「日本の種子（たね）を守る有志の会」（当時）は急ぎ4月10日に、龍谷大学の西川芳昭教授を呼んで国会内での2度目の学習会を開いた。その時には国会議員、野党のみならず自民党の議員にも呼びかけて法案の大切さを訴えて参加を呼びかけたが、残念ながら自民党、公明党与党議員からの出席はなかった。

当時、テレビをつければ森友学園、加計学園の報道であふれていて、テレビも大新聞も「種子法廃止」についての報道は一切なく、政府はこの間に大急ぎでこっそりとこの重要な法案を通してしまった。参議院での審議も超スピードの審議で目を見張るものがあった。私も農林水産委員会の野党の筆頭理事民進党の徳永エリ議員に、十分な審議時

国会で質問する徳永エリ議員

間を確保してもらえるようお願いしたが、与党の絶対的な多数のもとで、なんともしようがなかった。

これまでの国会審議は重要な法案においては、野党側の主張も受け入れて十分な審議を図っていたものだが、安倍一強、官邸主導の下では国会審議もすっかり変わってしまった。

それでも、野党議員の努力の効果があって、参議院の審議では「参考人質疑」を入れることができた。参考人の選任について相談を受けたので久野秀二教授にお願いしたが、急なことで都合がつかず、龍谷大学の西川芳昭教授に種子法についての問題点の指摘をしていただいた。

参議院の審議では野党の舟山康江議員、福

島瑞穂議員、森裕子議員などがそれぞれに理不尽な種子法廃止について質疑に立った。

参議院では農林水産委員会の決議に際して、野党議員たちの必死な努力、また与党議員の間でもそのころになって、ことの重大さを理解してもらえたのか、何とか「付帯決議」を与野党一致で通すことができた。

その付帯決議は次の通りである。

・種苗法に基づき、主要農作物の種子の生産等について適切な基準を定め、運用すること。
・主要農作物種子法の廃止に伴って都道府県の取組が後退することのないよう、引き続き地方交付税措置を確保し、都道府県の財政部局も含めた周知を徹底するよう努めること。
・主要農作物種子が、引き続き国外に流出することなく適正な価格で国内で生産されるよう努めること。

これまでのように予算を確保することを盛り込んだものの、付帯決議はあくまでも努力目標であり、その実施は保証されるものではない。

また森裕子議員は「これまでの種子について蓄積してきた育種知見を民間に渡してはならない」として、最後まで付帯決議にその文言を入れるよう粘ったが、付帯決議で民間事業者への育種知見の提供を止めることはできなかった。

すでに同法案は2018年4月1日をもって交付されてしまった。また、同法をもとに、原原種、原種、種子の圃場の選択、作業の工程、検査などを詳細に規定した運用規則が成立していたが、これらの規則も、2017年11月15日の奥原正明次官の通知「命により運用規則を廃止する」によって廃止されてしまった。（巻末資料参照）

こうして日本の種子に関する重要な法案があっけなく廃止され、その運用規則も廃止され、新たに公共の種子に代えて民間企業の種子に変わる農業競争力強化支援法が制定された。

第4章

すでに国内の農家が日本モンサントのコメを栽培

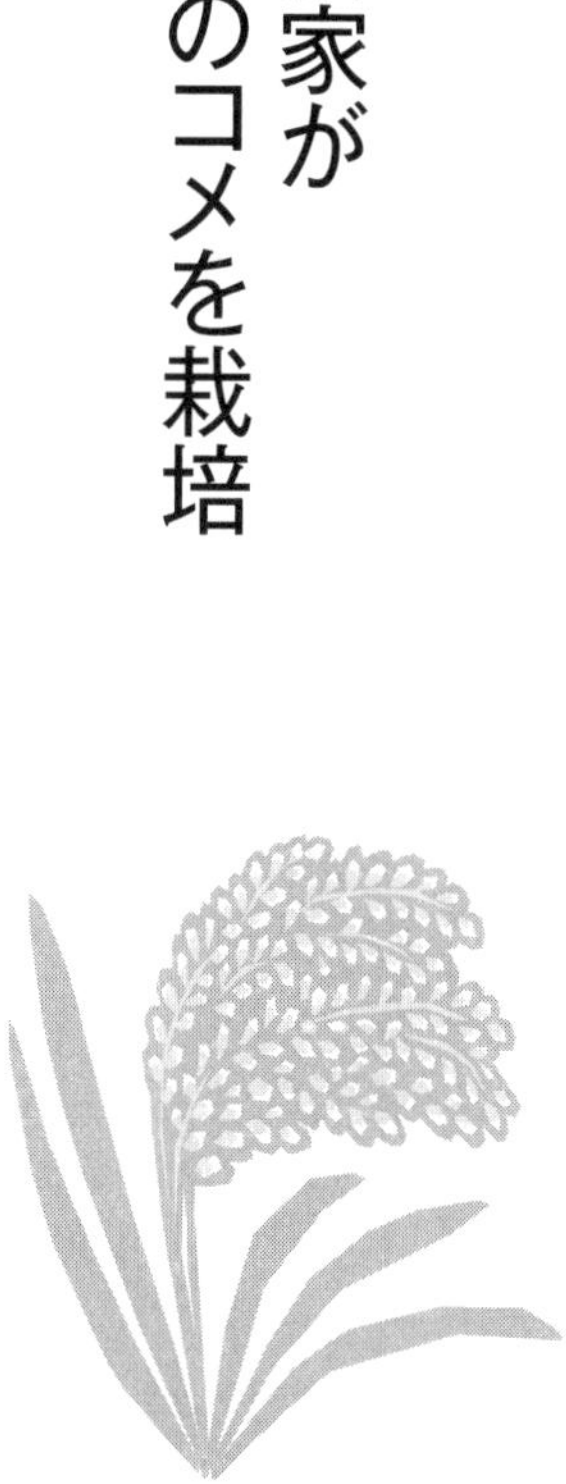

◉種子法改訂で1986年にすでに民間の種子参入が認められている

日本では種子法によって主要の産物コメ、麦、大豆の種子は伝統的な固定種の種子がほぼ国産100％で、公共の種子としてコメ農家に安定して、しかも安価に提供されてきた。

世界の種子を支配しようとしている多国籍企業のモンサント、ダウ・デュポン、シンジェンタなどは日本のコメの種子だけで年間8万トンとされている国内の主要な農産物の種子市場を黙って見逃すはずはなかった。しかも世界中でビジネスをする種子会社は化学肥料と農薬をセットで販売するビジネスモデルを確立している。日本市場は彼らが巨利を貪ることができる残された最後の種子市場である。

またこれらの会社は、米国国民の80％が反対しているTPP、NAFTA、FTAなど自由貿易を強力に推進してきた世界の多国籍企業約600社の主要なメンバーでもある。

TPP反対運動を一緒に進めてきた米国のパブリックシチズン（米国最大の消費者団体）のローリー・ワラック女史は、かつて私に「彼らは各国にそれぞれのロビイストを送り込んでいる。東京も常時100人ほどはいるのではないか」と語ったことがあった。日本にも資金力を持った腕利きのロビイストたちが年中、日夜を通じて政界、財界、そして各省庁の官僚に対してもロビー活動を続けていることになる。

私はロビー活動を悪く言っているわけではない。私たち自身も国会議員、政治家に対し、種子法廃止、水道法改正をやめてほしいと願いに行くことがある。

多くの多国籍企業のロビー活動は国会議員に対しても接触している。あるいは日本の企業を通じて政治家のパーティ券の購入や政治献金も当然考えられる。私も20年ほど代議士だったが、2009年に講談社から『小説　日米食糧戦争―日本が飢える日』を出版したときに、1回だけ在日米国商工会議所の面々が議員会館の事務所に訪ねてきたことがある。当時の私の立場もよく調べていた印象で、彼らの単なるリサーチだったのかもしれない。私に何かを求めるような言辞はなかった。

ちなみに米国では政治家に対する企業の献金は、日本のような政治資金規正法による規制はなく金額に制限はない青天井である。

面白い話がある。彼らの日本におけるロビー活動はすごいものがある。ミスター円と呼ばれた榊原英資さんが「米国との第3保険（ガン保険など）分野の日米交渉のさなか、必死にがんばっているのに、後ろの日本から鉄砲を撃たれるのには閉口した」と私に語ったことがある。当時は米国保険業界のドンといわれた最大手ＡＩＧの会長が東京に滞在していて陣頭指揮を執っていたといわれている（ＡＩＧ社はリーマンショックで倒産したが米政府によって救済された）。これらのロビー活動にはどれほどのお金が使われているのか想像がつかない。

実は30年ほど前から表面上、米国通商代表部（ＵＳＴＲ）は日本政府が主要農産物の種子を公的なものとして保護して民間に市場を開放していないのは、ＷＴＯ協定の公正で公平な貿易の原則に反して自由貿易の障壁ではないかと日本政府に「対日年次要求」などあらゆる手段を駆使して外交圧力をかけていた。

当時の日本政府、農水省もやむをえず何度か少しずつ改正してきたが、１９８６年の種子法の大幅な改正を余儀なくされた。そこには各都道府県の産地品種制度には民間の種子も参入できるような全面的な改正条項が盛り込まれていた。

こうして、種子法によって主要農産物、コメ等についても、産地品種としては各都道府県での民間企業の種子事業参入も認められるようになった。２０１５年には、神奈川県で、ＪＡ全農かながわのコメの品種はるみが初めて同県での優良な種子として産地品種に認められることになった。

各都道府県への奨励品種の申請については、さすがに米国の大手のモンサント、ダウ・デュポンなどは、日本の主食であるコメ市場に直接参入するのは抵抗が多すぎると判断したのか、または日本の化学企業の農薬、化学肥料の販売網を利用することが得策と判断したのか、今でも直接の参入は控えている。

モンサントは子会社である日本モンサントでとねのめぐみを茨城県に申請、同品種も産地品種としての登録が認められるようになった。（※最近子会社のふるさとかわちに育成者権者が変更されている。）こうして、報道もほとんどなされないままに日本のコメ種子市場に民間の企業が次々に参入することになった。これらの種子は肥料、農薬などを販売している民間の農業資材の代理店を通じて瞬く間に全国に広がっていった。

◉三井化学アグロのみつひかりなど民間の種子が全国で栽培されている

なかでも三井化学アグロのみつひかりはすでに全国で１４００ヘクタール栽培されるまでに至っている。

実はみつひかりはこれまでの伝統的な固定種の種子ではなくハイブリッドのコメ、野菜では一般的になったF1の品種である。F1の種子は一代雑種なので自家採種はできず、毎年新しい種子を購入しなければならない。

F1の種子については第2章ですでに説明しているが、雄性不稔種をもとに作られるので育種は簡単ではない。

石川県加賀市のあるコメ農家さんから「15年ほど前に業者からみつひかりの栽培を頼まれたことがある」と貴重な話を聞いた。もともとコメは自家受粉なので、他のコメの花粉を必要としない。その方の話では当時3列に1列ずつ別の品種を植える作業をさせられたという。おそらく多収のインディカ系の丈夫な飼料用のコメの種子(雄性不稔)の苗をまず植えて、その横に日本の在来の食味に優れたコシヒカリや日本晴を植え、ミツバチなどでの交配をさせることによって一代雑種F1のコメの種子を作る作業の委託を受けていたと考えられる。いずれにしても大規模な資本と多くの人手と広大な土地がないとビジネスとして本格的なF1のコメの種子は作れないのではないだろうか。

第2章でも書いたとおり、野菜の種子の約9割がF1の種になって、今では海外でモンサントなどの多国籍企業によって作られている。しかも価格も30年前の40倍~50倍になっている。

同じF1の品種でも主要農産物であるコメのF1の種子の価格はどうなっているのだろうか。

政府も種子法廃止と同時に農業競争力強化支援法を成立させたが、同法案の8条3項には「銘柄が多すぎるので集約する」とある。政府は農業資材の銘柄を集約すれば価格はさがると説明したがほんとうにそうなるのだろうか。次ページの表を見ていただきたい。実際には三井化学アグロのみつひかりの価格はコシヒカリなどの伝統的な固定種の種子の価格の7倍から10倍はしている。茨城県で農家に販売されているコシヒカリの種子の価格は1キロ500円で販売されているが、みつひかりは1キロ3500円から4000円といわれている。

コメ農家は10アール当たりコメの種子を4キロは必要とするので種子の価格だけで、コシヒカリの種子は2000円、「みつひかり」の種子は1万4000円となる。政府が説明したように民間企業の種子に集約できたとしたら、安くなるどころか、農家はたいへんな負担を強いられることになる。

米国、カナダでも主要な農産物である小麦の種子は、州立の農業試験場、州立大学で

水稲種子の販売価格 (20kg当たり)

開発者	品　種	価　格	生産量
北海道	きらら397	7,100円	78,191トン
青森県	まっしぐら	8,100円	136,010トン
三井化学アグロ	みつひかり	80,000円	4,414トン

(農水省穀物課調べ、価格は生産者渡し価格)

優良な種子を増産して農民に安く提供している。

私が農水大臣時代（2011年）にコメ1俵60キロ当たりの生産コストを試算させたことがあったが当時のコストは小規模農家で約1万6000円、その時のコメ価格が1万5000円だった。これでは農家は赤字で、これまでのようなコメ作りはできなくなる。その負担は私たち消費者が負わなければならないだろう。

ちなみに現在米国からカリフォルニア米が60キロ4000円で日本に輸入されているが、米国でも生産コストは60キロ1万2000円かかる。その差額は直接支払いの所得補助および輸出補助金、いわゆる米国民の税金でまかなわれていると東大の鈴木宣弘教授は述べている。

◉農家はどのようにみつひかりを栽培しているか

三井化学アグロのみつひかりはF1（一代雑種）の種子で2種類ある。一つは日本人に人気の高いコシヒカリと多収の飼料用コメに使われているインディカ種の系統を交配させたもので、これは収量が通常のコシヒカリに比べて120％あるとされ、食味もコシヒカリ並みだといわれている。もう一つの種子は、同様にインディカ系統の多収の飼料用米の系統と日本晴を交配させたもので収量が150％もあるので、種子の価格は割高だが、十分採算が取れて農家の増収につながると宣伝している。

ほんとうにそうなっているのだろうか。

それにしても私たちが知らない間に全国の多くの農家がみつひかりを栽培していることに驚いた。

私はみつひかりを栽培している農家を訪ねて歩いた。

まず「どうしてみつひかりを栽培しようと思われましたか」と聞くと一番多かった

答えは業者から「同じコシヒカリ系統でも収量が違うので、かなりの増収につながる」と勧められたことだった。石川県の農家は業者から「コシヒカリだと10アール当たり9俵（1俵当たり60キロ）しか取れないだろうが、みつひかりだと11俵は取れる」と聞き、「それならば作ってみよう」と栽培を始めたと語っていた。

実際の収量はどうだったかについて聞いてみると、多くの人が答えているように確かに収量が上がったことは間違いないようだが、いずれも種子の販売業者から聞いたほどの収量ではなかったようだ。

石川県の加賀市のコメ農家は確かに2年目までは収量は多かったが、窒素肥料をふんだんに使うために土壌が追いつけないのか、いくら肥料を大量に施肥しても収量は次第に落ちたと語っていた。みつひかりの栽培では化学肥料を3割か4割多施肥するようで、土壌にかなりの負担がかかるようだ。

それでもなお、みつひかりを栽培するに至った理由として次に多かったのは、収穫したコメの全量を引き取ってもらえるので安心できること。確かにコメの生産が過剰になって減反政策を強いられてきた農家にとって、コメは作ってもこれまでのようにＪＡに出荷しても引き取ってもらえるのか心配なので、売り先が決まっていることは魅力に

みつひかり

違いない。

しかし、加賀市の別のコメ農家から聞いた話だが、最初の年は1俵1万2000円で買い取ったが、次の年は1万円になり、その次の年は9000円に買い取り価格を下げられたので、3年でみつひかりを作るのを断念したと語っていた。

みつひかりの場合「価格は相談のうえで決める」約束のようだが、一戸の農家と三井化学アグロなどの大企業と対等に価格を交渉して決めることはまず難しい。三井化学アグロの一方的な買い取り価格にならざるを得ないのが現状のようだ。

また、丈夫で作りやすいという触れ込みでみつひかりを栽培し始めたという農家もいた。

みつひかりを実際に見るとイネの株そのものが大きく丈が高い、これでは倒伏することもないのではないかと思われる。

これについては富山県砺波市の農事組合おじま営農組合の前理事長の島勝利さんが「確かに丈夫なイネなので倒伏はない、しかしうちの営農組合のコンバインのバリカンが傷んで、途中で刃を取り換えなければならなくなって、その修理費用に20万円もかかるので来年から作るのを止めた」と話していた。みつひかりの刈り入れでコシヒカリなどに使っていたコンバインが駄目になる話は他の生産者でも聞いたので、よほど丈夫なイネなのかもしれない。

長崎県の壱岐でみつひかりを栽培しているコメ農家は「穂の出そろいがバラバラで、いつ刈り入れしたらいいのかわからない。それだけに収穫してもアオコメ（未熟米）が多くて困った」と述べていたが、他でも同じ話を聞くことができた。アオコメについて農水省は種子法の廃止とともに、コメの検査制度も取り止めるので、アオコメが少なかろうと多かろうとかまわないとの見解のようだ。

そうなればこれまでのようなおいしいコメは期待できなくなるのではないか。肝心の食味についてはコシヒカリと比べて、ほとんどの人がそれ以上の食味だという評価はなかった。富山県の砺波市のコメ農家は「味はアキダワラとヤマダワラの間かな」と語ったが、どちらも富山県の家畜専用の飼料米の銘柄である。

最後に栽培を始めるにあたって三井化学アグロとの契約書があれば、ぜひ見せてほしいと尋ねたが、ほとんどの人が口頭での話なので契約書など交わしていないと語っていた。まだ今の段階ではそこまでは求めていないようだ。

さらに、「農薬とか、肥料についてはこれを使うような指示はなかったか」と聞いたが、そのような事実もまだないようだ。ただ私にはたいへん気になることを先のおじま営農組合の前理事長の島さんが語った。

収穫前に会社の若い人（三井化学アグロの社員）が来て、グラフを示して「今年の貴方の圃場の収穫はこれだけになります」と言われて、どうして素人にわかるのだろうと不審に思ったが、刈り入れの時によく見るとあちこちに1株ずつ抜き取られた跡があったという。

モンサントには、カナダ、米国、南米などでの遺伝子組み換え作物の調査員がいて、すぐに弁護士を通じて訴訟を提起する話は有名である。カナダでは農家がモンサントから自社の遺伝子組み換え作物の種子を使っていると訴えられたが、農家にはそのような事実も心あたりもなかったので争ったものの、近所の農場からの花粉の交雑によるものか、ＤＮＡ鑑定で遺伝子組み換えの種子が検出されて農家は敗訴した事例がある。

すでに日本でも三井化学アグロでは、モンサントのビジネスモデルに従って調査員制度を整えていると思われる。

◉日本モンサントのとねのめぐみの普及も進んでいる

日本モンサントもすでに日本のコメの種子市場に進出していた。私たちが知らない間に、日本モンサントのとねのめぐみは２０１７年度だけで、なんと1万６０００ヘクタールもの日本中の水田で栽培されていたのだ。たまたま私の知人の富岡明さんがとねのめぐみを作っているとの話を聞いてさっそく訪ねることにした。

彼の水田は長崎県の東彼杵町といった山あいの谷間にある典型的な中山間地域の棚田だ。誰も滅多に行かないような山奥で水も冷たく、昔からおいしいコメが取れるところで地元では有名である。

どうして、このようなところで日本モンサントのとねのめぐみを作る気持ちになったのか私には不思議な気がした。彼は淡々と語り始めた。もともと長崎県の奨励品種「ヒノヒカリ」を栽培していたが、ここは山間地の谷間なので風が強く、稲が収穫前によく倒伏するので、10アール当たりの平均収量は7俵ほどだったという。５、６年前にネットで調べていたら「倒伏しない、作りやすい、収量が多い」と書かれてあるのを見つけて、どのようなものなのか試しに作ろうと思ってとねのめぐみの種子を取り寄せたという。説明書には、とねのめぐみは食味はコシヒカリに比べて同等以上、収量もコシヒカリに比べて１２０％増と書かれてあった。説明書の通りであれば、とねのめぐみを選んだ気持ちも納得できる。

種子の購入について、以前に読んだ月刊『農業経営者』２００６年8月号に日本モンサントの「とねのめぐみ」は全量出荷を条件に種子は無償で提供する、と書かれていたのを思い出して、彼に「種子は無償で送ってきましたか」と聞いた。「いや支払いましたよ」と答えるので、調べてもらうと１キロ当たり６２０円の購入価格だった。彼の購入価格は各都道府県での公共の種子の価格とほぼ変わらないことになる。

モンサントが南米で大豆、トウモロコシの遺伝子組み換え種子を販売する場合は、最初の種子は無償で提供することはよく知られた話であるが、日本モンサントが他の民間の品種に比べて価格が安いのは日本のコメの種子市場を狙っての先行投資だろうか。

さっそく、「とねのめぐみ」が栽培されている圃場に案内してもらった。

写真を見てほしい。確かに丈が低くて私の膝の上ほどまでしかない。株もしっかりとしているのでこれだと風がいくら強くても倒伏することはないだろうと私にも思われた。イネもかなり熟していていて、あと10日もすれば刈り入れになるだろうと語っていた。

収量については、最初の年はやはり7俵ほどでヒノヒカリと変わりはなかったが、2年前から白葉枯病になって、2、3年は5俵ほどしか取れなかった。食味について尋ねると「ヒノヒカリとそう変わらない。とねのめぐみには少し粘りがあるが、冷えてからは、ヒノヒカリの方がおいしい」と語っていた。

ただ、ヒノヒカリより早生で早く収穫できるのでこれまで続けてきたが、収量も年々落ちてきて、昨年は6俵だったので、来年からは止めようと思っていると彼は語り始めた。最後に種子を購入するにあたって、契約書を交わしてないか聞くと「ある」と答えたので、すぐに見せてもらったが、契約書そのものはA4たった1枚の簡単な契約書だった。

ところがその内容はさすがにすごい。

とねのめぐみ圃場

当事者は茨城県稲敷郡河内町長竿188番地にある株式会社「ふるさとかわち」と栽培者本人となっている。「ふるさとかわち」は日本モンサントとの契約による種子の生産と販売を担っている会社で日本モンサントの代理店として契約書を交わしている。

契約書では種子は毎年購入しなければならず（自家採種は契約書でも禁止されている）他にも研究目的などで、種子の分析、改変、複製してはならないとある。

この契約書で最も大事な部分は2条4項にある「本件栽培に関する甲の指示を順守する」の部分で、読むと3条には「乙は第2条の規定に違反した場合には、これにより甲又は日本モンサントに生じた損害を賠償しなけ

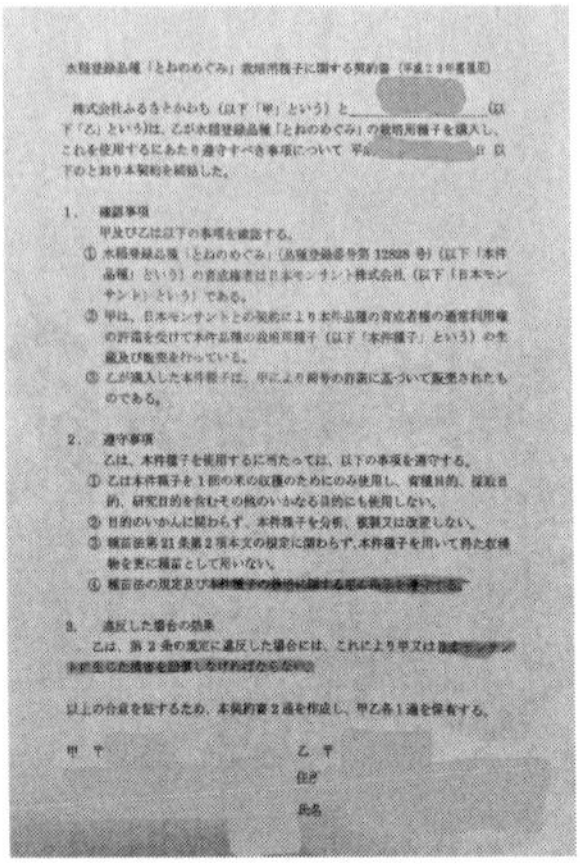

水稲登録品種「とねのめぐみ」栽培用種子に関する契約書（平成２９年度版）

株式会社ふるさとかわち（以下「甲」という）と[redacted]（以下「乙」という）は、乙が水稲登録品種「とねのめぐみ」の栽培用種子を購入し、これを使用するにあたり遵守すべき事項について平成[redacted]日以下のとおり本契約を締結した。

1. 確認事項

甲及び乙は以下の事項を確認する。

① 水稲登録品種「とねのめぐみ」（品種登録番号第12828号）（以下「本件品種」という）の育成権者は日本モンサント株式会社（以下「日本モンサント」という）である。

② 甲は、日本モンサントとの契約により本件品種の育成者権の通常利用権の許諾を受けて本件品種の栽培用種子（以下「本件種子」という）の生産及び販売を行っている。

③ 乙が購入した本件種子は、甲により前号の許諾に基づいて販売されたものである。

2. 遵守事項

乙は、本件種子を使用するに当たっては、以下の事項を遵守する。

① 乙は本件種子を１回の米の収穫のためにのみ使用し、育種目的、採種目的、研究目的を含むその他のいかなる目的にも使用しない。

② 目的のいかんに関わらず、本件種子を分析、複製又は改変しない。

③ 種苗法第21条第２項本文の規定に関わらず、本件種子を用いて得た収穫物を更に種苗として用いない。

④ 種苗法の規定及び[redacted]

3. 違反した場合の効果

乙は、第２条の規定に違反した場合には、これにより甲又は[redacted]

以上の合意を証するため、本契約書２通を作成し、甲乙各１通を保有する。

甲 〒

乙 〒

住所

氏名

とねのめぐみ契約書

ればならない」とある。私は心配になって、彼にこの「契約書を読んだか」と聞くと「読んでない」と答えた。仮に目を通したとしても、彼の場合だけでなく農家はそこまで細かくチェックすることもなく、そのままサインしてしまうのではないだろうか。

栽培法についてどのような指示がなされていたのかを彼に聞いてみた。「農薬はこれにしなさい、化学肥料もこれをこれだけ使いなさいとかいう話はありませんでしたか？」彼は不審そうな顔をして「何もなかった」と首を振った。

モンサントが確立したビジネスモデルは種子と農薬と化学肥料をセットで販売して利益をあげていくことなので、まだ日本での「とねのめぐみ」の販売ではそこまでは求めていないようだ。契約書も1枚だけだったので、南米、インドなどでのモンサントの農民へ数十ページに及ぶ英文の契約書と、それに基づく厳しい裁判例からしても、日本では今のところ、本来の遺伝子組み換えコメの種子を販売するための販売網を広げるために牙《きば》を隠しているような気がする。

その後、彼から「ヒノヒカリ」と「とねのめぐみ」の新米が5キロずつ私の家に届けられた。ありがたくいただいたが「とねのめぐみ」はまだ食べる気がしなくてそのままにしている。

◉住友化学のつくばSDの農家との契約書はモンサントモデルだった

住友化学はモンサントと業務提携をしている会社であることはよく知られている。その住友化学がいずれ種子法は廃止されて日本の主要農産物コメ、麦、大豆の種子が国や都道府県の管理を離れて民間に開放されることを見越していたのか、2014年にはバイオベンチャーの植物ゲノムセンターからコメの登録品種3種類と関連資産を買収した。

ゲノムセンターは日本で最も広く作られているコシヒカリが長稈で風雨に弱く倒伏し

やすい欠陥があることから、ゲノム技術でそれよりも20センチほど短く倒伏しにくい品種に改良していた。住友化学は改良された新しいコメの種子に自社の化学肥料と農薬とセットで販売するモンサント流の新しいビジネスモデルによる種子ビジネスに乗り出したことになる。

さらに住友化学は住化アグロソリューションズ株式会社を設立して、農業生産法人などにつくばＳＤの種子を販売して生産させ、収穫したコメを全量引き取って、コンビニエンスストアの大手セブン‐イレブンに販売する、川上から川下までの一貫した生産流通の制度を確立したのだ。現在1万ヘクタール、１００億円のビジネスを目指して着々と進めている。

私はＪＡの紹介で実際につくばＳＤ2号（1号に比べて低アミロース）を栽培している農家の青木肇さんを訪ねて、つくばＳＤの栽培についてどのようなものか話を聞くことができた。

青木さんは20ヘクタールほどを栽培しているコメの専業農家だが、２０１７年からつくばＳＤを試験的に40アール栽培している。昨今コメの消費は落ち込み、生産調整を余儀なくされているが、コメをいくら生産してもこれまでのように売れるかどうか不安

JA北つくばのつくばSDの圃場

だった。そんなときにJAから、生産すれば全量買い取るつくばSDを栽培しないかとの話にまず惹かれた。さらに最近コンビニのおにぎりの需要は高く、冷えてからもおいしいとされる低アミロースのコメであるミルキークイーンはよく売れるが、栽培するとなると長稈なので倒伏しやすい欠点がある。つくばSD2号はミルキークイーンの改良品種でそれよりも20センチほど短くて作りやすいと勧められて作付けを決意した。

青木さんによると種子の価格は種子と農薬と化学肥料をセットで購入する制度になっているので、種子だけの価格は正確にはわからないが、農薬と肥料の価格から推定すれば、県の奨励品種コシヒカリの3倍くらいになるのではないかとのことだった。青木さんが栽培を始めてまず困ったのは、農薬も化学肥料も指定されたものを全量使わなければならないことで、青木さんの水田はもとは河川敷の堆積地、肥沃《ひよく》なので指定された化学肥料は本来必要ないのに大量に使わなければならなくなったこと、また除草剤、殺虫剤の農薬も水田によって雑草の生える種類が別々で、かつ年によっても種類が変わるのに指定されたものを使わなければならないことは農家にとってはたいへん困ることになるとこぼしていた。

私は11月の収穫が終わって再び青木さんを訪ねてその後のお話を聞いた。青木さんの水田ではつくばSD2号は今年は順調に倒伏もなく育って収量も当初のパンフレットに記載されていた120%には至らなかったものの、それなりの収穫はあったそうで初めての栽培だったのでほっとした表情だった。

コメの価格も60キロ1万3800円で、2、3年前の価格からすれば、満足できるものであった。もっとも今年のコメの価格は生産量の減少もあってか高値で、茨城県のJA中央会の話ではコシヒカリで60キロ1万5500円はするとのことだった。

JAの担当者が検査用に青木さんが栽培したつくばSD2号を残していたのでそれを炊いて食べてみることにした。青木さんも契約では全量出荷なので自分が生産したコメを自分で食べることもできずにいた。どのようなコメなのか初めて食べることになって一緒に試食した。私には食味はよくわからなかったが粘りのある食感であることは感じた。

食べながら青木さんの話を聞くと、今年つくばSD2号を同じ町内のもう1軒のコメ農家も栽培したが、残念ながら途中でイネが倒伏して6割しか収量がなかったそうだ。他にもJA北つくばもつくばSDを200ヘクタールほど栽培したが、そこでも今年はうまくいかなかったと聞いているという。

このようにして、種子法が廃止される前から、住化アグロソリューションズのつくばSDは栽培されているが、栽培に当たっての契約書を青木さんとJAの協力で見せていただいた。契約者は青木さん本人ではなく、JAが当事者として、住化アグロソリューションズとの間で10ページにわたる詳細な契約書が交わされていた。青木さんは契約書を持っていなくて、かつJAと青木さんとの間でも契約は交わされていなかった。

私は契約書を読んで、あまりにも大企業による一方的な契約書なのに驚いた。現在、多くの農業生産法人がこのような契約書を交わしているのではないだろうか。

まず第5条に再委託の条項があって、当事者であるJAは農家である生産者に生産業

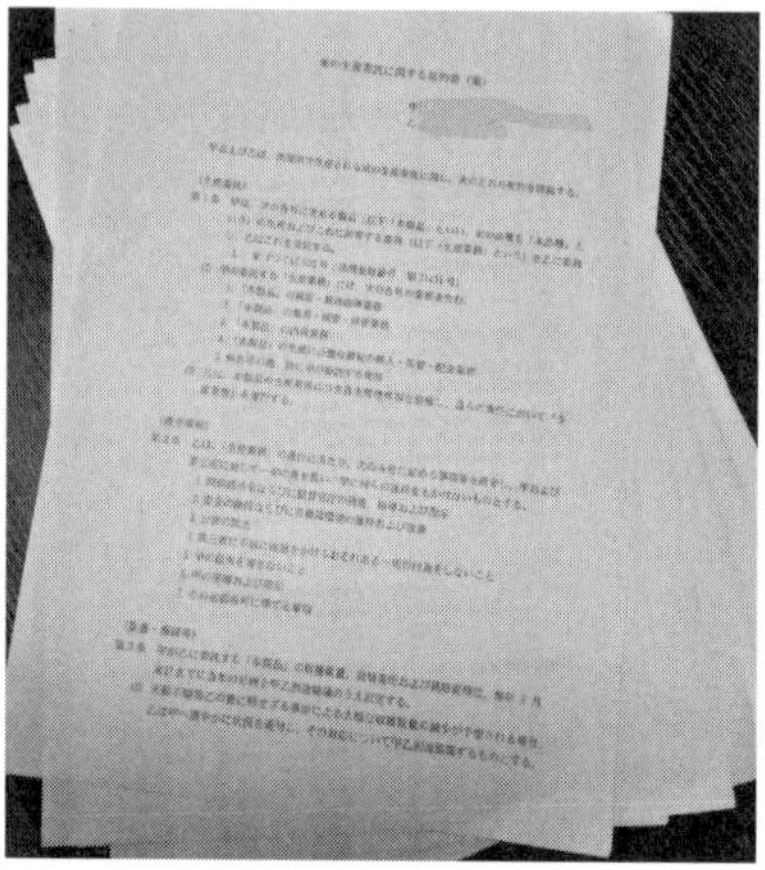

つくばSDの契約書は
詳細に書かれていて10ページある

務を委託することができるようになっている。その場合には同様の義務を負うことになるので、ＪＡから説明を受けた青木さんも本人が署名していなくても契約上の責任を負わなければならなくなる。第10条には農業生産に必要な農業用品について定められていて、住化アグロソリューションズの「指定農業用品以外の本品種の種籾、農薬、肥料又はコメの玄米包装材は使用してはならない」と明記されてある。

　青木さんもそのことは承知していた。栽培前には前述のように水田によってそれぞれ土壌が違うので困るとこぼしていたが、今回は契約通りでないと損害賠償請求をされるのを怖れたのか、指定された通りに全量使ったと語っていた。しかし長い間育ててきた土壌が農薬と化学肥料でどうなるかは心配そうではあった。

私がとても気になったのは第13条に「事故、災害の処理」とあるところである。そこには「乙（生産者）は、生産業務に関連して損害が生じた場合はその負担と責任において一切の問題を処理解決する。ただし甲（会社）の責めに帰すべき事由の場合にはこの限りではない」とある。このことはたいへん大事なことを意味している。たとえば農産物はその年の気候の変動に必ず左右される。今年豊作でも来年は冷害になることもあれば、たとえば台風、ゲリラ豪雨などの場合でも、すべてその損害は生産者が負わなければならなくなる。台風などの災害でほぼ全滅して予定された収量が出荷できなくて、住友化学もセブン‐イレブンなどに出荷できなくなり、その分の賠償をセブン‐イレブンから求められたとしたら損害賠償分については農家側が負担することになる。

さらに第15条は「検査」のところで収穫されたコメが合格か否かの検査を会社が行うことになっていて、不合格とされたものは会社の指示に従って生産者が負担することになっている。これまでの種子法の下では公的な機関（各都道府県）の検査委員の資格者が検査をすることになっているが、この契約では会社側の裁量でいくらでも不合格のコメが出てくる恐れがある。

また第17条には収穫されたコメについては、会社以外の第三者には有償、無償を問わず提供してはならないことになっていて、当然のことながら契約に違反した場合は損害賠償の責任を負わされることになる。

肝心な取引価格については第18条に次のように記載されている。「取引単価は、収穫量、品質、コメ相場に鑑み、本製品の収穫終了時に甲乙別途協議のうえ決定する」とある。本来契約栽培であれば、栽培を始める前に価格をある程度決めてから始めるのが当然のことだが、この契約書では収穫終了時に決めることになっている。これでは大企業である会社から一方的に今年の単価はいくらにすると決められたら、小さな農家である生産者は抵抗して争うことは、ほとんど不可能である。

前述したが、みつひかりの栽培者が最初の年60キロ1万2000円、次の年1万円、3年目に9000円となったので栽培を止めたと語っていたのを考えれば非常に気になるところである。かといって継続的な契約関係を正当な理由もなく生産者の方から価格が安いという理由で解除することについても賠償責任を問われる怖れがある。

◉豊田通商もしきゆたかでコメ種子市場に参入

この他にも民間のコメの種子として豊田通商のしきゆたか（ハイブリッドとうごう3号）がある。茨城県のＪＡ中央会の岩田さんからお話を聞くことができた。

茨城のＪＡ中央会では２０１８年から栽培して収穫したコメはカナダに輸出する予定とのこと。カナダでの販売価格は60キロ70ドルとのことなのでそれでは生産する側にとっては赤字になるのではないかとお聞きすると、確かにそうだが、その差額については国が負担すると聞いているそうで、日本もコメについて輸出補助金を用意していると思われる。

私にすれば、２０１０年に私が農水大臣として導入した欧米並みの農家への直接支払いの農業者戸別所得補償が２０１８年から廃止されて、このような民間企業のコメの品種のために使われるのは残念な気持ちになるが。

このしきゆたかはＦ１の種子で説明書には次のように書かれている。

ハイブリッドライスとは

しきゆたかの穂（右）はコシヒカリの倍ほどの大きさがある

・異なる品種を掛け合わせてできる一代目の品種（F1種）です。（遺伝子組み換えではありません）
・雑種強勢現象により、収量性が向上します。
・自殖品種と比較して採種効率が低く、また自家採種ができません。
（パンフレットより引用）

コメも食味はコシヒカリを超えると記載されているが、F1の品種でそのようなことはにわかに信じ難い。

種子法廃止によって、政府が民間の活力を最大限に活用すると述べているのはまさに大企業にコメ農家を隷属させることに他ならない。

米国の農業が『貧困大国アメリカ』（堤未果著・岩波書店刊）に書かれてあるように、4大アグリ多国籍企業の借金漬けになって奴隷農場と化してしまったように、いずれ日本の農業も大企業の奴隷農場になるのではないだろうか。心配である。

第5章

世界に例をみない自家増殖一律禁止、種苗法の改定

◉種苗法改定は多国籍企業による日本の種子の支配

種子法が廃止されたのは2018年4月だった。それまで私たちは北海道、新潟など全国各地をまわりながら種子法廃止がいかにこれからの農業に危機的な影響を与えるかを訴えてきた。それから1カ月後2018年5月15日日本農業新聞の一面トップに「種苗の自家増殖『原則禁止』へ転換」「農水省海外流出食い止め」「法改正視野、例外も」と大見出しが躍っていた。

私は驚いた。かねてから噂では聞いていたが、自家増殖禁止とは、自家採種禁止のことでコメ、大豆も野菜なども含めてあらゆる作物のタネを取って翌年作付けすることを禁止するものだ。これは農業の根幹を揺るがすことになる。20年以上前から中南米諸国ではモンサント法案と呼ばれて農民の暴動が起き問題にされた法律である。まさかそのようなことが日本でも現実のものになるとは思いもしてなかった。

しかし、考えればまず種子法を廃止して、これまで各都道府県が農業者に安価に安定して提供してきた公共の種子をなくす。次に農業競争力強化支援法を成立させて、これまでの国の育種知見の研究機関「農研機構」、各都道府県の農業試験場で開発された優

種苗の自家増殖

「原則禁止」へ転換

農水省 海外流出食い止め

農水省は、農家が購入した種苗から栽培して得た種や苗を次期作に使う「自家増殖」について、原則禁止する方向で検討に入った。これまでの原則容認から規定を改正し、方針を転換する。優良品種の海外流出を防ぐ狙いで、関係する種苗法の改正を視野に入れる。自家増殖の制限を強化するため、農家への影響が懸念される。これまで通り、在来種や慣行的に自家増殖してきた植物は例外的に認める方針だが、農家経営に影響が出ないよう、慎重な検討が必要だ。

法改正視野、例外も

自家増殖は、植物の新品種に関する国際条約（UPOV条約）や欧米の法律では原則禁じられている。新品種開発を促すために種苗会社などが独占的に種苗を利用できる権利「育成者権」を保護するためだ。

一方、日本の種苗法では自家増殖を「原則容認」し、例外的に禁止する対象作物を省令で定めてきた。その上で、同省は育成者権の保護強化に向け、禁止対象を徐々に拡大。現在は花や野菜など約350種類に上る。

今後は自家増殖を「原則禁止」し、例外的に容認する方向に転換する。そのため、自家増殖禁止の品目が拡大する見通しだ。

同省は、今回自家増殖の原則禁止に踏み込むのは、相次ぐ日本の優良品種の海外流出を食い止めるためと説明。自家増殖による無秩序な種苗の拡散で、開発した種苗業者や研究機関がどこまで種苗が広がっているか把握できないケースも出ているという。中国への流出が問題となったブドウ品種「シャインマスカット」も流出ルートが複数あるとされる。

民間企業の品種開発を後押しする狙いもある。2015年の品種登録出願数は10年前と比べると、中国では2・5倍に伸びているが、日本は3割減。日本の民間企業は野菜や花の品種開発を盛んに行うが、1本の苗木で農家が半永久的に増殖できる果樹などへの参入は少ない。このため同省は、育成者権の保護強化で参入を促す。

仮に自家増殖を全面禁止にすれば、農業経営に打撃となりかねない。同省はこれまで、農家に自家増殖の慣行がある植物は禁止対象から外し、農業経営への影響も考慮してきた。今回の原則禁止に当たっても、一部品種は例外的に自家増殖を認める方針だ。

自家増殖の原則禁止は品種登録した品種が対象。在来種のように農家が自家採種してきたものは対象外で、これまで通り認められる。

昨年政府がまとめた知的財産推進計画では、「農業現場の影響に配慮し、育成者権の効力が及ぶ植物範囲を拡大する」と掲げている。

日本農業新聞2018年5月15日

良な育種知見（財産権）を民間企業に提供させる。しかもこの法案は審議の際に「民間とは海外の事業者も含む」と当時の齋藤健農水副大臣は答弁している。

そうなればモンサント（2018年6月ドイツの製薬会社バイエルに買収される）など多国籍種子化学企業が日本の優良な育種知見の譲渡を、国や各都道府県に申し出れば、育種の知的財産権を売り渡さざるを得なくなる。この法律はいわば日本がこれまで明治以来国民の税金をつぎ込んできた知的財産権をただ同然の価格で取り上げるに等しい。

そこに今回の種苗法の改定だ。自家増殖（採種）ができなくなれば、いずれ日本の農業者はすべての種苗を購入して栽培せざるを得なくなる。このことは長い間自家採種を当然のこととして続けてきた日本の農業を根底から覆すことである。また多国籍種子化学企業にとってこんなうまい話はない。私は当時の農水省知財課の担当者に直接聞いた。「種子法は各自治体による公共の種子が自家増殖禁止を実現するにはどうしても邪魔だから、先に廃止したのだな。自家増殖採種禁止の種苗法改定が本命だったのではないか」と。担当者は私の問いに何も答えなかった。

日本の野菜の種子が約30年前から一代限りの交雑種F1になり海外で90％が生産されるようになり、野菜の生産量の8倍はある日本のコメ、麦、大豆ら穀類の種子も民間企業で生産されるようになれば当然価格も20倍から50倍にも上がることも予測される。

種子法廃止の時に農水省はこれからは民間の活力を種子の分野でも活用するとして三井化学のコメの品種F1のみつひかりを推奨して全国8カ所で説明会を開いたが、民間の種子であるみつひかりはすでに公共の種子であるコシヒカリに比べて10倍の価格である。

しかも世界の種子の7割はバイエル（モンサント）、ダウ・デュポン、世界最大の農薬会社シンジェンタが中国の化工集団に買収されてこの3社で占有している。すでに寡占状態にあるので競争が働かなくなっている。そうなれば種子の価格はどんどん吊り上がるので、いずれ消費者としても影響を受けることになる。

種苗法は安価な種苗を安定して国民に提供してきた役割の他にもう一つ、安全な種苗を農家に提供するという大切な役割を果たしてきた。すでに日本では遺伝子組み換えの種子、ゲノム編集の種子が用意されていることを第6章に詳しく記載している。

私が最も心配なのはゲノム編集の種子が、今年から安全審査の手続きもなされないまま、表示もなく、飼料用米としてシンク能改変イネが用意され作付けが始まる恐れが出てきたことだ。

日本政府はゲノム編集食品は安全だとして、２０１９年に安全審査の手続きもいらず何の表示も届け出も任意のままで流通できることを決定した。しかし、EUなど各国ではＮｅｗＧＭＯとして遺伝子組み換えと同様の厳しい扱いをしているのである。

ところがよりによって農水省は２０１９年11月30日公的な検討会を開いてゲノム編集の種子が有機認証ができないかどうかを諮問したのである。私も驚いてすぐに農水省に抗議の電話を入れた。検討会ではさすがに反対の声が高く、それ以上のごり押しはせずに１回だけの検討会で終わった。そのあと私の事務所に農水省食料産業局食品製造課基準認証室西川真由室長が説明にきて「ゲノム編集の種子は有機認証できない旨をガイドラインで明らかにしました」と話していた。

これまで農水省は現行種苗法のもとで安心で安全である伝統的な在来種からの固定種を原則として奨励してきたが、このところ伝統的な固定種は時代遅れでこれからはコメも麦も大豆もＦ１の種子にすべきだと変わってきている。私はこれでは安全安心な種子の供給がなされなくなると心配である。

米国でさえ主食である小麦は3分の2が自家採種、3分の1は州立の農業試験場で作られた公共の種子だ。カナダでも8割が自家採種、2割が農務省からの公共の種子、オーストラリアでも95％が自家採種、５％は公共の種子なので、世界的に見ても例をみない理不尽な話である。

実はこの背景にはＴＰＰ協定があることが明らかになってきた。私たちＴＰＰ協定違憲訴訟の会弁護団は７年前から国家主権に反して憲法違反であるとして最高裁まで争った。まだＴＰＰ協定が発効される前ではあったが判決理由の中で「種子法廃止の背景にＴＰＰ協定があることは否定できない」とある。また私たちは種子法廃止は憲法25条生存権に基づく食糧主権に反するものとして違憲無効であると裁判で争っている。

２０２０年８月東京地裁の第１回口頭弁論で「種子法廃止はＴＰＰ協定によるもの」であることを国自らの答弁書で明らかにした。このことからも種子法廃止、農業競争力強化支援法、種苗改定の背景に多国籍企業があることは窺い知れることである。

「タネを制する者は食料を支配する。食料を支配する者は世界を支配する」この言葉は私が40年前に米国ワシントンで見た看板に大きく書いてあった。いまでも忘れることができない。

新型コロナ禍で国連も各国に食料の自給体制を勧告しているなか、ロシア、ウクライナなど19カ国が小麦の輸出を規制し始めている。タネを海外に依存して、かつそのタネが一代限りのＦ１の品種、ターミネーター技術（自殺遺伝子）の遺伝子組み換え、ゲノム編集の種子になれば、それこそ日本人は飢えざるを得なくなる。まさに食料安全保障の問題である。

◉種苗法改定で日本農業者は深刻な影響を受けることに

もともと種苗法とは新しく品種を開発した育成権利者の権利を守るため、著作権と同じように一般の作物では25年、果樹では30年の育成者権の保護期間を認めたものである。いわば育種の開発者のための法律で、育成者権利を保護する国際条約UPOV条約を米国の言いなりに批准したことからできた法律だ。しかし一方では先述しているように世界人権宣言では農業者による自家採種の権利が認められ、2013年にやはり日本が批准した食料・農業植物遺伝資源条約でも同様に農民の自家採種の権利は国が保護しなければならないとされている。この一見矛盾するような条約の双方のバランスをとったのがこれまでの種苗法である。同じ知的財産権を保護する著作権法とは異なって一度タネを購入した農業者は収穫したものを種苗として次作以降も農業経営に自由に用いることができるようになっている。例えば果樹栽培農家は苗木を1本購入すれば剪定枝を挿し木して自由にいくらでも増殖できる。しかし、育種者の権利を保護するために種苗として譲渡することは刑罰を定めて禁止している。

ＥＵでは耕作面積49ヘクタール以下の農家は、登録品種でも自家採取は自由で、それ以上の農家でも穀類、じゃがいも、飼料作物など21品目は例外となっている。

それが今回の改定で、登録品種については例外もなく一律で自家増殖（採種）が禁止になる。違反した場合は10年以下の懲役１０００万円以下の罰金、しかも今回の改正では農業生産法人などの法人では3億円以下の罰金刑が新設され共謀罪の対象にもなるなど考えられないような重罰になっている。

日本農業新聞２０１８年5月15日の記事で「種苗の自家採取原則禁止へ転換」とあるように農水省が自家採種禁止を発表したときには、あくまで原則禁止で「慣行栽培などで自家採種してきた作物については例外的に認める方針」だと書かれている。当時の農水省知財課は「仮に自家採種一律禁止にしたら農業経営に打撃を与えかねない」と慎重な姿勢だった。それが一変して一律禁止になったのは検討会で日弁連の知財担当者が主張したからだと思われる。

そのことによって少なくとも２０００年も昔からタネを自家採種してきた農家はどう

なるのだろうか。今回の種苗法の改定はこれまで日本では農家が自家採種を続けてきた権利をないがしろにして、米国の言いなりに多国籍種苗企業の金儲けに重きを置いたものといえる。実は米国ですら植物品種保護法があって登録された品種でも自家増殖は自由である。ただゲノム編集・遺伝子組み換えの品種は別途植物に関する特許法があって原則禁止になっている。今では世界に例をみないモンサント法案と呼ばれた法律が日本で施行されることになったのだ。農水省の国会審議での答弁でもこのような法律は日本とイスラエルだけだと答弁している。

農水省は一般品種（在来種、品種登録されたことがない品種、品種登録期間が切れた品種）がほとんどで、禁止になる登録品種は10％もないので日本の農業への影響はほとんどなく心配することはないと説明した。ほんとうだろうか。

ところが農水省は2015年度に自家増殖に関する生産者アンケート調査をしていたことが最近になって明らかになった。そのアンケート調査の結果では、52％以上の農家が登録品種を自家採種して栽培している。中でも驚いたことに日本の農家の野菜類は74％も自家採種している。自家採種している理由として必要な種苗を確保するためにと答えている農家が約35％、種苗の費用を節約するために自家採種をしていると答えた農

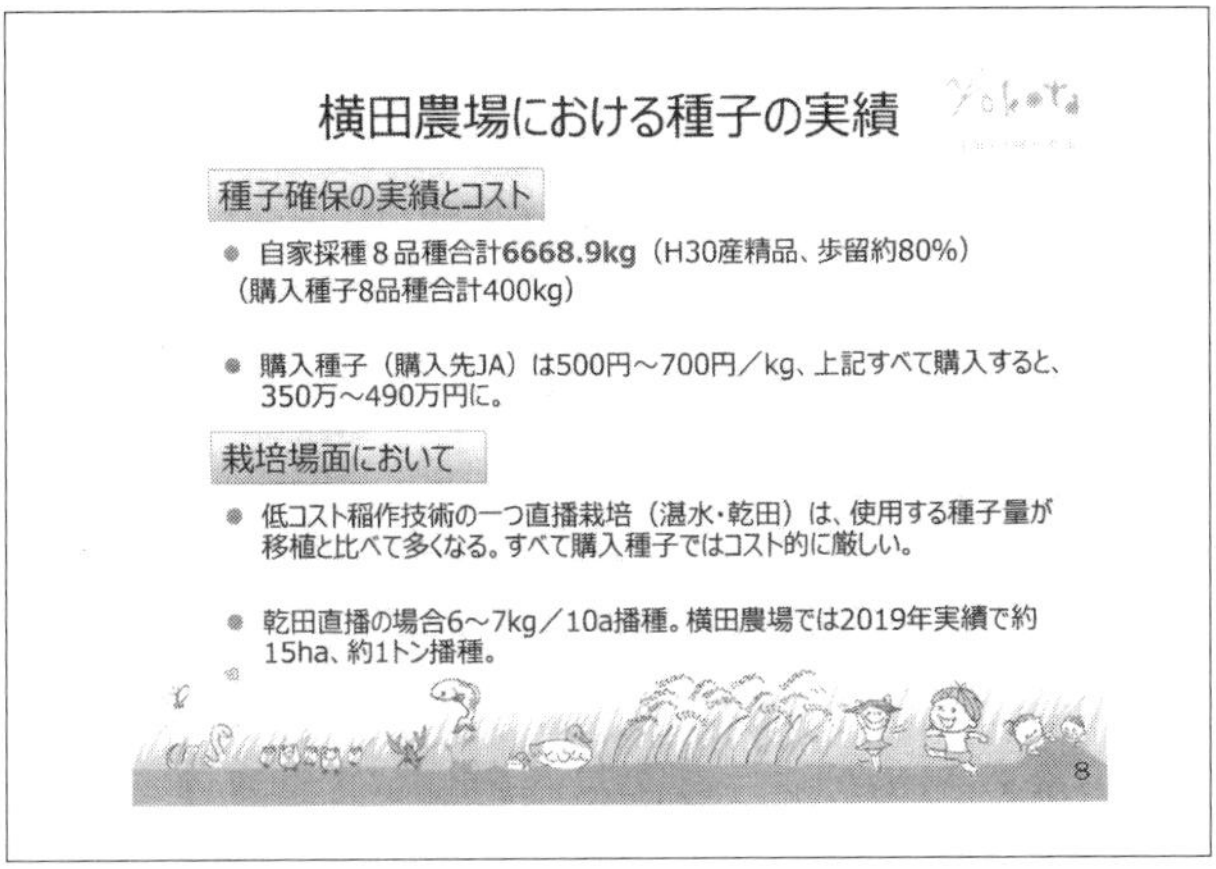
横田農場における種子の実績
種子確保の実績とコスト
自家採種８品種合計6668.9kg（H30産精品、歩留約80%）
（購入種子8品種合計400kg）
購入種子（購入先JA）は500円～700円／kg、上記すべて購入すると、
350万～490万円に。
栽培場面において
低コスト稲作技術の一つ直播栽培（湛水・乾田）は、使用する種子量が
移植と比べて多くなる。すべて購入種子ではコスト的に厳しい。
乾田直播の場合6～7kg／10a播種。横田農場では2019年実績で約
15ha、約1トン播種。
8

家が30%もいる。このような事実がありながら農水省は農家には影響がほとんどないと国民をあざむいている。しかも農水省はこの大事なアンケート調査の資料を種苗法改定の識者を集めての検討会に提出しなかった。このアンケート調査が検討会に出されていれば種苗法改定の法案は認められなかったかもしれない。

改定種苗法のもとでは、これから農家は登録された品種を作付けするには育種権利者に対してそれなりのお金を払って許諾の許可もらうか、許諾がもらえなければ種苗をすべて購入しなければならなくなる。先ず許諾のための申請書を提出しなければならない。その手続き費用だけでも農家の負担は大きくなる

はずだ。農水省は許諾料を支払うにしても金額はわずかにしかならないので心配いらないとこれまでの農研機構、都道府県の公共の種子の許諾料を例に説明している。

しかし農水省の知財課長は「許諾料は育成権利者の意向次第で決まる」と衆議院議員会館で開催された「日本の種子（たね）を守る会」の緊急集会でもはっきりと述べている。これまでのように各都道府県が育成権利者である場合は安価な許諾料も考えられるが、農業競争力強化支援法8条4項では、国の育種研究機関農研機構、各都道府県の育種知見（知的財産権）は民間に提供するとなっている。今でも日本モンサントなど民間企業が各都道府県などに優良な育種知見の提供を求められればそれを拒否することはできない。育成権利者が民間企業に代わったら、許諾などせずにすべての種苗を毎年農家は購入しなければならなくなる。例えばコメの専業農家横田農場が農水省の第4回検討会で7トンほど自家採種してきたので全てを種子を購入するとなれば350万円から490万円の負担増になるとプレゼンしている。

また農水省は北海道ではコメ農家は毎年登録品種を購入して更新しているので影響ないと説明したが、これも事実とは異なる。実際に北海道のコメ農家瀬川守さんは20ヘクタールの水田で北海道の登録品種の「ゆめぴりか」を自家採種して有機で栽培している。

ただ3年目には花粉の交雑などで「ゆめぴりか」としては品質が落ちるのでJAから公共の種子を購入している。私が知る限りでは、このようなコメ農家は多い。ただJAを通じて種子を購入し、収穫したコメもJAを通じて出荷しているので表面上は明らかにはしていないようだ。小麦や大豆になると日本ではほとんどが登録品種を自家採種しているのが現状だ。北海道十勝の農家伊藤英信さんも30ヘクタールの農地に小麦の登録品種「きたほなみ」を自家採種している。また30ヘクタールの農地に大豆の登録品種ユキホマレを自家採種して、いずれも除草剤なしの有機栽培で耕作を続けている。

瀬川さんにしても伊藤さんにしても自家採種禁止になって種子を購入するとなれば数十万から数百万はかかるのでこれでは農業を続けることは難しくなると語った。さらに種子法が廃止され公共の種子がなくなり三井化学の「みつひかり」のように、民間種子になれば今でも公共の種子の10倍はかかることになり、農家の経営は成り立たなくなるのではないかと心配になる。

それ以上に沖縄、鹿児島などの南西諸島のサトウキビ農家が壊滅《かいめつ》的な打撃を受けることになる。今でも沖縄ではサトウキビ農家の90％が登録品種の自家増殖を続けている。また、サツマイモ農家はほとんどが「べにはるか」などの登録品種をタネイモから増殖しているのが現状で、かなりの影響を受けることになる。

リンゴやミカンなどの果樹は5000円ほどの苗木を1本購入して剪定枝で挿し木をすればいくらでも増殖できたのがこれからは禁止になる。茨木県のイチゴ農家の話では1本500円の苗を500本ほど県から購入してそれを選別しながら2万本まで自家増殖するので、それができなくなれば苗をすべて購入することになり、種苗価格が一千万円はかかり経営が成り立たなくなると述べている。このように種苗法の改定による自家増殖禁止は日本の農業に深刻な影響を与えることになる。

◉有機栽培農家も登録品種でなく在来種だからと安心できない

さらに農水省は有機栽培、自然栽培の農家に「あなた方が自家採種して栽培している農産物は登録品種ではなく一般品種なので自家採種一律禁止の対象ではありません。何の心配もいりません」と説明している。

現在日本の農家はそのほとんどが自分が作付けしている農産物が登録品種なのか、一般品種なのか分からないのが現状だ。これまで自家増殖（採種）が当たり前のようになされてきたので、登録品種もそうでない品種も気にもしなかった。農水省も自家増殖禁止の法改定までは県の試験場、農業改良普及員などを通じて新しく開発したコメ、麦、大豆、地元の特産農産物の自家増殖（採種）を積極的に推進していたいきさつもあった。もともと自家増殖を前提にしていたので、種苗を全て農家に提供できる設備も人手もなかったのだ。

しかし種苗法が改定され、２０２１年4月から施行されると農家は知らなかったではすまされない。伝統的な在来種だと思っていたものが登録品種だと認められれば10年以下の懲役に処せられ、農業生産法人であれば3億円の罰金に処せられる恐れがある。民事の損害賠償の請求を受ける恐れもある。何しろ今度の種苗法改定にともなう農水省検討会を終始リードしたのは前述したが、日弁連の知的財産の専門家の弁護士だ。彼らは米国のように育種権（知的財産権）の争いが今後の自分たちの仕事だと思っている。

有機、自然栽培などの農家も農水省の言葉を真に受けて伝統的な在来種だと思い込んで安心していたらとんでもないことになる。例えばシソだけでも青シソ、赤シソなど7種類が登録、エゴマでも3種類、ウドなども4種類も登録されている。小粒の黒大豆「黒千石」は今では全国各地で在来種として栽培されている。もとは北海道の北竜町の周辺で家畜の飼料用に栽培されていたもので、栄養価が高くおいしいことから30年前から食用として栽培され始めたものである。北竜町では農家が地元の特産品にしたいと育種家に依頼して7年かけて在来種から収量の多いものなどを選抜しながら品種の改良を重ねて2005年に新しい品種としての登録に成功したのである。先日北竜町の黒千石専業協同組合を訪ねて、代表の高田幸男さんに「在来の黒千石と登録品種になった黒千石との区別はつきますか」とお聞きしたら「製品になったら全く区別がつきません」とはっきりと答えられた。有機栽培農家はそのことを知らずに在来種だと思って栽培を続けていたらある日突然刑事告訴、民事の莫大な損害賠償請求訴訟が起こされないとは限らない。カナダの伝統的な菜種農家がモンサントから育種権の侵害で訴えられて、敗訴した話は有名である。そして、日本でもすでに育種権をめぐる裁判が起こされていた。

中でも有名なものに2015年のなめこ茸事件の仙台高裁の判決がある。伝統的なキノコの栽培農家が企業から育種権を侵害したとして損害賠償を求めて訴えられた事件で、仙台高裁は品種の持つ特徴の特性だけをみれば確かに権利を侵害しているかにみえるが、現物を試験栽培してその違いなどを比較しなければ分からないとして企業の主張を棄却したのだ。この裁判は波紋を呼んだ。

種苗業界、育種権者の権利を強化しようとする産業界などは規制改革推進会議を通して強力に動き出した。育種権をめぐる知的財産権の裁判の分野でも育種権者が勝訴できるように法律を変えることにしたのだ。それが今回の種苗法改定で新設された35条である。現物を必要とせずに品種の持つ特徴を記した特性表だけで裁判に勝てるようにしたのである。前代未聞の話である。このことは種苗法の衆議院農林水産部会の審議でも、農水省が「裁判に育成者が勝つためにこのように改定した」と述べている。

伝統的な在来種だと思ってタネとりを続けてきた有機栽培、自然栽培の農家にとってにとってこれからたいへんな意味合いを持ってくることになる。日本弁護士連合会の機関紙『自由と正義』にも種苗の育種権について詳しい解説が掲載されている。日本も米国のように訴訟社会になってこれからは知的財産権の分野で農家が裁判を起こされることになるのではないかと心配になる。

◉政府は種苗法改定はシャインマスカット等の海外流出を防ぐために必要

「日本の種子（たね）を守る会」は2020年2月議員会館で種苗法改定の審議を目

前に緊急集会を開いた。農水省からは尾崎知財課長が参加、「種苗法を改定しなければならない最大の理由はシャインマスカットなどの日本の優良な育種知見の海外流出防ぐために必要です」と述べた。私は直ちに反論した。

種苗法は国内法だから国内法で海外での育種権利者の権利を保護することは無理があると述べたが尾崎知財課長はそれには答えなかった。先述したように先に成立させた農業競争力強化支援法では、「国の育種機関である農研機構、各都道府県の試験場などの優良な育種知見（知的財産権）を民間に提供することを促進する」となっている。（8条4項）

しかも同法の審議の際に当時の齋藤健農水副大臣は、民間とは海外の事業者も含まれると答弁しているので、モンサントなどから育種知見（知的財産権）の提供を求められたら、法律がそうなっている以上このままでは国の（独）農研機構も各都道府県も断れなくなる。シャインマスカットは（独）農研機構の登録品種なので同法では日本の優良な育種知見を海外の業者も含めて民間に提供させるとしながら、種苗法の改定で海外への流出を防ぐために改定が必要だとしているので、明らかに論理が矛盾している。

改定前の種苗法でも種苗を購入した農家は自家増殖（採種）はできるが、種苗として譲渡することは禁止されていた。そして改定前の種苗法21条4項では「登録された品種を購入して消費以外の目的で輸出することを禁止する」と記載されている。日本で登録品種を購入して海外の種苗業者に販売しようとすれば現行のままで刑事告訴、民事の損害賠償や仮処分もできることになっているので、法律を改定しなくとも以前のままの種苗法で十分防ぐことはできたのである。政府が本気で海外流出を防ごうとするならば、中国、韓国などでも育種の登録はすぐにできるので、それを怠っていたにすぎない。

農水省とこのことで議論したことがある。彼らは「UPOV条約加盟国である韓国には現行種苗法21条4項では適用できないのでは」と言ってきた。そう解釈できないわけではない。しかし韓国は相互に条約加盟国なので育種権の登録がすぐにでもできて、かつ先に登録していれば取り消しの請求もできるので何の問題もない。

実際に2005年に山形県が育成開発して品種登録したさくらんぼの品種「紅秀峰」がオーストラリアのタスマニア島の果樹園経営者に譲渡され同地で栽培され、日本に輸出されようとしたことがあった。その事実を知った山形県は、直ちに裁判で税関に輸入差止めの仮処分の申立てをして、同時に紅秀峰を渡した日本人と当のオーストラリアの農業経営者を刑事告訴した。仙台にあるあるオーストラリアの領事館からお詫びの連絡が入って和解ですぐに解決した。当時、山形県の依頼を受けて刑事告訴した水上進弁護士は種苗法を改定しなくても現行法を適用することで十分海外流出を止めることができると私に語った。（映画『タネは誰のもの』参照）

中国に対してもイチゴの品種が流出したと述べているが、農水省はすでに2005年には中国での育種権利者の権利侵害を防ぐために70ページを超える手引書を作成して、刑事告訴、輸入の税関への差止めの仮処分、損害賠償を求める方法など細かく指南している。「あまおう」については2010年中国で品種登録を終えている。こうしていくつかの育種権の侵害を止めてきたのだ。農水省は2017年にも日本の優良な育種知見が海外に流出することを防ぐことは物理的に不可能なので海外で育種登録をすることが唯一の方法であることを書面に残してもいる。

これまで種苗法改定の問題点を述べてきたが、私は種苗法改定については阻止できると強く思っている。仮に改定されたとしても、種子法が廃止されても種子法に代わる条例を制定することができたように、種苗法が改定されたとしても私たちに何ができるかを第7章に書いてあるので最後まで読んでいただきたい。

第6章 すでにゲノム編集・遺伝子組み換えのコメが用意されている

◉モンサントは20年前から日本のコメ種子市場を狙っていた

モンサントは１９９９年ごろから本格的に米国、カナダ、南米、インドなど世界各地で大豆、トウモロコシ、ナタネなどの遺伝子組み換えの種子を除草の必要がない、病気にかかることもない、収量も飛躍的に増える夢の作物だと称して農薬ラウンドアップと化学肥料をセットにして売り込んだ。この20年で世界の種子市場を席捲して、今では世界の穀物需要の４割を遺伝子組み換え作物が占めるに至っている。

モンサントは当初から、大豆やトウモロコシと並んで世界45億人の主食といわれているコメ、麦の遺伝子組み換えの種子販売市場を見逃すはずはなかった。ことにコメの栽培ではアジアでも先進地である日本に照準を合わせていたことが、調べていくうちに明らかになった。

日本がＷＴＯのウルグアイ・ラウンドの交渉でコメ市場を１９９４年に世界に開放した時には、すでに米国の農務省農業研究局は日本のコメの主要な品種をすべて収集していた。そして遺伝子組み換え技術を駆使して、日本の自然条件、日本人好みの食味に適したコメの遺伝子組み換え種子の開発に取り組んでいたのだ。

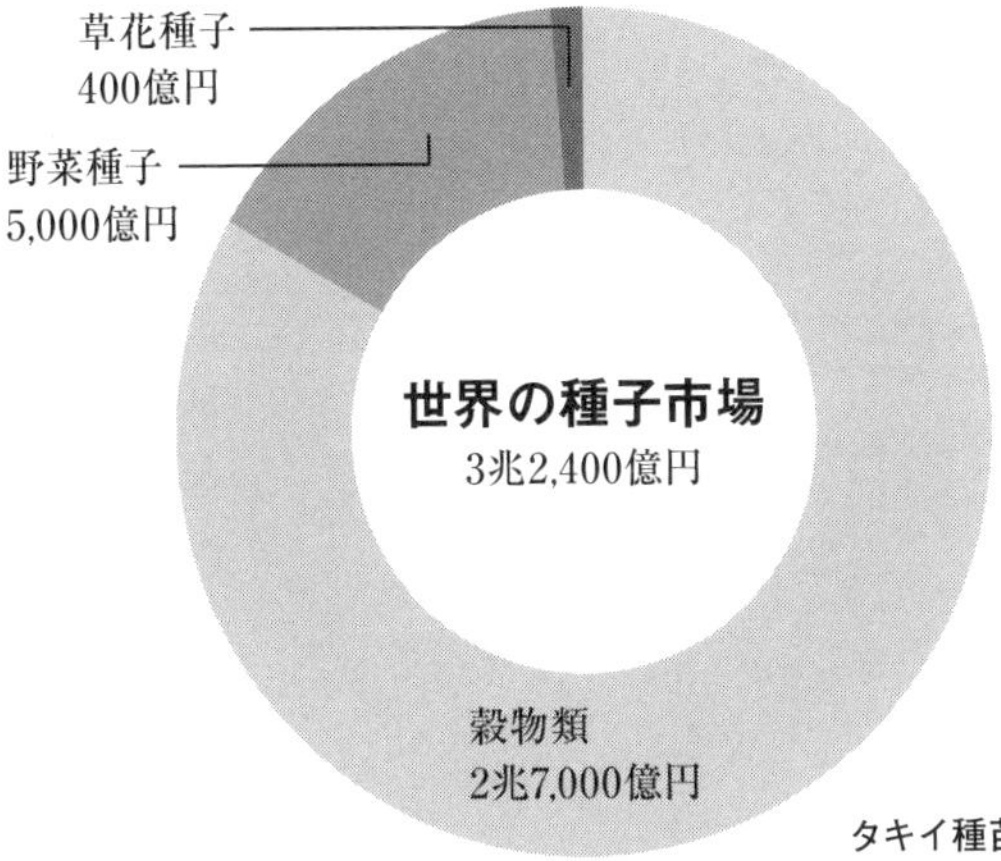

タキイ種苗のHPより

新聞、テレビでほとんど報道されることはなかったが、１９９７年には多国籍企業によるコメの遺伝子組み換え種子の特許取得競争のし烈な争いが繰り広げられていて、すでに米国ではデュポンとパイオニアが20件、モンサントが９件もの特許申請を認められていた。図表を見ていただきたい。種子市場における穀物のシェアは野菜の５倍以上あることがわかる。

日本にも１９９９年いち早くモンサントがカリフォルニア米で除草剤耐性の遺伝子組み換えのコメの種子を開発して茨城県河内町のモンサントの実験圃場で試験栽培を始めている。

それだけではない。モンサントは米国でア

グラシータスが日本のコシヒカリの除草剤耐性の遺伝子組み換え品種を開発すると、すぐにアグラシータスを特許権も一緒に会社ごと買収している。モンサントはその時から日本のコメを遺伝子組み換えにすればアジアのコメの種子を支配して利益を独り占めすることができると考え、日本のコメの種子市場を狙って莫大な投資を始めていたことになる。

米国政府の要請によって、２００１年に日本政府は食糧政策上、今回の種子法廃止につながる歴史的に重要な決定をしている。なんとモンサントと愛知県農業総合試験場との共同研究を承認したのだ。

もともと愛知県農業総合試験場は種子の研究では一歩先に進んでいて、１９９３年にはコメの産地品種として「祭り晴」を開発していた。同品種は「月の光」と「ミネアサヒ」を親にしたもので、早生（早く実る）、丈も短く倒伏にも強く、食味もよくイモチ病など病害にも強い丈夫な種子なので、日本の中部地帯を中心に広く作られている。

当時モンサントもよく調べたもので同品種は丈夫な品種なので、日本のコメにはめずらしくタネを直接田んぼにまく直播にも適している品種であった。モンサントは自社の看板農薬ラウンドアップが水に弱いので、直播に適した丈夫な品種「祭り晴」に狙いを定めた。こうして共同研究の政府承認に成功したのだ。

大豆、トウモロコシで成功させているモンサントの遺伝子組み換えの技術で、「祭り晴」も農薬ラウンドアップ耐性に遺伝子を組み換えることとは、タネとこれまでの育種知見を提供してもらえば難しいことではない。「祭り晴」のタネを水を張らない水田に直播して発芽させる。当然雑草も出てくるが、ラウンドアップ（グリホサートを主成分とした農薬）を空中から散布して雑草をすべて枯らしてしまう。だが「祭り晴」だけは遺伝子組み換えで、ラウンドアップの耐性ができているので元気に生き残って生育を続けることになる。

私も中学時代「田の草取り」の仕事を手伝いさせられていたが、当時は炎天下で腰をかがめて、稲の株の周りを両手で掻き混ぜながらの仕事は辛かったし、一番嫌な作業だったことはよく覚えている。現在、農作業は機械化されてきたものの、農家にとっては雑草除去の仕事は依然としてたいへんな重労働で、それがなくなるだけで天と地の差があるくらいコメの栽培が楽になる。

しかも、愛知県農業総合試験場は日本でもコメの直播では先進的な研究機関で「愛知式不耕起乾田直播栽培」を研究していたのだ。モンサントにとっては、願ってもない共同研究の相手で開発は一気に進んだ。

こうして、モンサントは「祭り晴」で除草剤耐性の種子の開発に成功し厚労省に栽培が認可されている。これによって、これまでラウンドアップが水に弱いこと、大豆、トウモロコシとは異なってアジアへの進出がなかなかできなかった難点をしたたかに克服したのである。これらの事情については「遺伝子組み換え食品いらない！キャンペーン」編の『遺伝子組み換えイネの襲来』の本に詳しく記載されている。

◉日本政府はすでに70種の遺伝子組み換えコメの栽培を認めている

それから約15年、私たちが知らない間にモンサント、バイエルクロップサイエンスなど種子の多国籍企業は日本の農業を種子から支配するための周到な調査のもとに中長期的な戦略を立てて、着実に今日まで実現に向けて動いていたのだ。モンサントなどアグリビジネスの多国籍企業は在日米国商工会議所を窓口に、まず自民党政権の農政族議員、大企業をまとめている経団連、また霞が関の官僚にも執拗なロビー活動をかけることから始めた。

私が衆議院議員の時にも、米国の某大学の教授が「遺伝子組み換え食品の話を聞いてほしい」と訪ねてきたことがあった。私も南米でのモンサントの動きについて興味があったので、関心のある議員に呼びかけて一緒に聞くことにした。その内容はインドでは遺伝子組み換え種子で綿の栽培を始めているが、今では大成功して収量も倍増して喜ばれていると延々と話されて辟易した覚えがある。

これまで私と一緒に遺伝子組み換え食品は危ないと熱っぽく語っていた大手の新聞記者も米国に招待されてモンサントの遺伝子組み換えの農場などを見学して、帰国後に会ったら「遺伝子組み換えの安全性は決着はついた」と、それ以後遺伝子組み換え食品については一切沈黙を守っている。

実際に見学に行った報道関係者の話では、デュポンの農場でも数十ヘクタールはある桁外れの規模で、世界各地の気候を人工的に作り上げた広大な施設の中でその土地に適した新しい種子の栽培の実験をしていることにまず驚かされるそうだ。

バイエルクロップサイエンス社も除草剤耐性のLLライスと称して、モンサントがラウンドアップに耐性を持たせたように農薬バスタ（主成分は同じく有機リン系のグリホシネート）とセットでカリフォルニア州などではすでに栽培している。アジア向けの販売戦略を立てているので、日本に進出してくることも考えられる。

Ｂｔ毒素入りの殺虫コメの種子もすでに開発されている。私もビデオで蝶の幼虫がＢｔ毒素入りのジャガイモの葉を食べてコロリと死んでいくところを見たことがある。日本では三菱化学の子会社である植物工学研究所によって開発されてきた。しかしこれらのＢｔ毒素はニューヨーク州立大学の実験によれば長い間分解されずに地中の昆虫、微生物に影響を与えているとの指摘がなされている。フランス、イギリスなどの研究機関からミツバチ、テントウムシなど農業にとって大切な益虫の短命化が指摘されている。

なかでも遺伝子組み換えコメで有名なのはシンジェンタ社のゴールデンライスである。このコメはすでに１９９９年に開発されていた。ベータカロチンを多く含んでいるのでビタミンＡ不足を解消して失明を防ぎ、鉄分も含むので貧血対策になるとして発展途上国の子どもたちの栄養対策になる夢のコメの品種として喧伝された。フィリピンの国際稲研究所もＩＲ８米で失敗したものの、このゴールデンライスで巻き返そうと躍起になってきた品種でもある。

しかし鳴り物入りで宣伝された割には普及しなかった。実際にはビタミンＡ不足の解消にはつながらず、ビタミンＡ不足解消のためには1日ボウル27杯のコメを食べなけれ

日本での遺伝子組み換えイネの確認状況

(一般圃場への作付けが承認されたもの、隔離圃場での栽培試験が認められたもの)

遺伝子組み換えイネの種類	主な研究開発主体	組み換えのねらい等	環境安全確認状況
縞葉枯病抵抗性イネ(系統16-2) ①	農業研究センター 農業生物資源研究所	縞葉枯病抵抗性の付与	94年確認済
縞葉枯病抵抗性イネ ①	植物工学研究所 農業環境技術研究所	同上	94年確認済
縞葉枯病抵抗性イネ(系統20-2.21-3) ②	農業研究センター 農業生物資源研究所	同上	97年確認済
低アレルゲン性イネ ①	三井東圧化学	アレルギー性の低減	95年確認済
酒造用低タンパク質イネ(月の光) ②	日本たばこ産業	酒造適性の向上	98年確認済
除草剤耐性イネ ⑥	モンサント社	除草剤耐性の付与	2000年3月確認済み
低タンパク質イネ(KA130) ①	オリノバ社 (日本たばこ産業、アストラゼネカ社)	慢性腎不全患者等のためのタンパク質含有量の低減等	2000年4月確認済み
除草剤耐性イネ	アベンティス社 (旧アグレボ)	除草剤耐性の付与	2000年6月確認済み ※
除草剤耐性イネ ③	モンサント社 愛知県農業試験場	除草剤耐性の付与	2001年5月確認済み
酒造用低タンパク質イネ	加工米育種研究会 (日本たばこ産業)	酒造適性の向上	94年隔離圃場栽培を承認
除草剤耐性イネ	岩手県生物工学研究センター	除草剤耐性の付与	98年隔離圃場栽培を承認
細菌病抵抗性イネ(系統CT2)	北陸研究センター (旧北陸農試)	細菌病抵抗性の付与	2001年4月年隔離圃場栽培を承認
いもち病抵抗性イネ10系統	北陸研究センター (旧北陸農試)	いもち病抵抗性の付与	2001年4月年隔離圃場栽培を承認
ラクトフェリン産生イネ	全農	機能性タンパク質ラクトフェリン生産能力の付与	2000年4月年隔離圃場栽培を承認

注:○印に数字は品目数、※印は輸入のみを目的
一般圃場への作付・輸入の認可は、9種類、19品目
(出所)農水省先端産業技術研究課の資料から作成
2001年5月8日現在
『遺伝子組み換えイネの襲来』より

ばならないとの実験報告もある。ところが最近このゴールデンライスを改良したコメの作付けをフィリピンですでに商業ベースで始めたとの報告がある。またオーストラリア、ニュージーランドで相次いで承認したとの報告もある。

最近、日本も種子法を廃止して気になる動きになってきている。長い間、遺伝子組み換え食品の問題に取り組んできたジャーナリストの天笠啓祐さんが次のように語っている。「遺伝子組み換えのイネはシンジェンタが承認なしに栽培をすすめて、アーカンソー州、ミズーリ州、ルイジアナ州などの農民に迷惑をかけたことに対して1億5000万円を支払うことになり一時は下火になったかと思っていたが、最近日本の農研機構の、スギ花粉症に効果があるコメやゲノム解析によるイネなど、新たな動きが出ている。さらにゴールデンライスも日本はこれから注視していかねばならない」と。

2017年10月私は茨城県にある(独)農研機構に行き実際にゲノム編集技術を用いた初めての「シンク能改変イネ」を見てきた。ここでは同年4月から試験的栽培を隔離圃場で始めている。

このコメの種子は遺伝子組み換えの技術で花芽の分裂を抑制する植物ホルモンを分解する酵素を切断したものである。いうなれば植物ホルモンが増加して花芽が増えもみの数が格段に増加して飛躍的な多収穫が期待できる遺伝子組み換えのコメの品種である。

先日、石川県加賀市のコメ専業農家の橋詰善庸さんから私に連絡があった。

「北陸農政局から、飼料用米についての新しい説明がなされたが、これからは10アール当たり11俵（660キロ）なければ助成金を出さないようにするとのこと。そうなればコメもF1の民間の種子を作らなければならなくなるのではないか」と私も気になったので「それについて何か書かれた資料があれば、送ってほしい」と連絡したが「口頭だった」と答えてきた。

私は彼からその話を聞いて、政府はまず飼料用米から民間の三井化学、豊田通商のF1のコメの品種などから多収穫を広め、民間のコメを作らせる意図を直感した（第3章93ページ参照）。これからは伝統的な固定種による飼料用米として作付けすることには助成金を出さないことが考えられる。

飼料用米の助成制度は2009年の民主党政権時代、赤松広隆農水大臣の時に、私が副大臣で農業者戸別所得補償制度のチーム座長として取り組んだものである。日本でのコメの主食用の消費が年々減少し続けているのに、畜産の飼料は海外から（ほとんどが米国から）遺伝子組み換えのトウモロコシ、大豆など1000万トン、アルファルファなどの乾草が年間1358万トン（平成23年度・農水省HPより）、5000億円も支払って購入している。

もともと日本はモンスーン地帯なので牛などの飼料としては稲藁、くず米を利用していた（詳しくは私の『「農政」大転換』宝島社刊に書いてある）。むしろ休耕田100万ヘクタールに飼料用として収量の期待できる固定種の専用品種であるヤマダワラ、アキダワラなどを耕作すれば、わざわざ畜産の飼料として海外からの輸入に頼らなくてもある程度は自給できるのではないかと考え、飼料用米を作付けする農家に農協を通さず直接支払いで助成金を出したものである。それから飼料用米は急伸長して、今ではコメ農家にとっては欠かせない制度になっている。

政府は食用からでなく飼料用米から民間の三井化学、日本モンサントなどの種子に誘導して、次に来るのは飼料用の遺伝子組み換えのコメの推奨ではないだろうか。

米国が遺伝子組み換え作物を20年前に普及させるためにヒトが食べるのではなく家畜が食べるものだとしてトウモロコシ、大豆で始めたように、日本政府も飼料用米は家畜が食べるもので、主食用とは異なりヒトの健康に害はないとして、取り組むことは十分考えられる。

飼料用米で遺伝子組み換えの種子が栽培されるとコメの花粉が風によって1・5キロ先まで飛散して受粉することが確認されている。そうなれば、日本の食用のコメであるコシヒカリなどが遺伝子組み換えのコメと交雑してしまうことになるであろう。有機栽培、自然栽培でコメを栽培してきたコメ農家は遺伝子組み換えのコメではないことの表示ができなくなることになるのではないだろうか。

現に米国やカナダでは遺伝子組み換えの種子の花粉に汚染されて有機栽培を行えない地域が広がっている。メキシコでは政府の調査でも種子汚染は深刻である。ましてや政府が躍起になって進めている日本のコメ輸出はEUなど各国が遺伝子組み換え農作物の輸入を禁止していろ昨今できなくなる怖れがある。

◉世界では遺伝子組み換え作物の栽培は頭打ちになっている

2016年世界の遺伝子組み換え作物、トウモロコシ、大豆、綿などの栽培面積は1億8510万ヘクタールで、全世界の農地が15億ヘクタールから16億ヘクタールとされているので全農地のほぼ1割強（12％）で栽培されていることになる。2015年、増えていた遺伝子組み換え作物の耕作面積はいったん減ったが、2016年にはまた増えている。

中国とロシアは遺伝子組み換え作物は作らせないとしてその対策に取りかかっている。ロシアではすでに遺伝子組み換え作物の輸入も一切禁止している。ルーマニア、ウクライナは遺伝子組み換えの農産物の作付けから撤退した。これまで世界28カ国で栽培され、米国、ブラジル、インド、カナダなどでも栽培されてきたが、現在これらの国においても遺伝子組み換え作物の栽培は減少を始めている。

2015年を境に何が原因で遺伝子組み換え作物の栽培面積は減少に転じたのだろうか。除草剤耐性の農作物の場合、ラウンドアップ（主成分は有機リン系のグリホサート）を散布すれば雑草はすべて枯れてしまうとされてきたが、いくらラウンドアップを播いても、それに耐性を持つスーパー雑草が次々に現れて、モンサントの看板商品ラウンドアップの効果がなくなってきたこと、それにともなって収量も次第に減り、農薬を散布し続けなければならず、農薬の代金負担が馬鹿にならず、農薬と化学肥料の多肥によって土壌も対応できなくなって収量が減少してきたのが最大の理由ではないかと私は考える。

スーパー雑草

ちなみに米国食品安全・応用栄養センター提供のスーパー雑草の写真を見て欲しい。ヒトの背丈の倍ほどもある雑草には驚かされる。遺伝子組み換えの殺虫剤Ｂｔ毒素にも免疫を持つ、新たな害虫、新たな微生物が現れ、環境破壊も進んできている。モンサントはさらに強い農薬を使用しなければ、効果がなくなったとして、かつて使われていた農薬2・4‐D剤（2・4‐Dアミン塩）や古い除草剤のジカンバを混ぜるなどして新しい使用法を始めているようだ。さらに、遺伝子組み換え作物については、当初は収量が増えても徐々に生産量が減少して、結果として食料増産につながらないことは、各種の統計でも明らかにされている。世界の食料の約80％は家族農業でまかなわれている。国連も2019年からの10年間を「家族農業の年」としている。

◉遺伝子組み換え作物のBt毒素がアレルギー自己免疫疾患症につながる

もう一つ問題なのがBt毒素は虫の腸の内壁に穴をあけて破壊するもので、このBt毒素入りの遺伝子組み換え作物、コーン、コメなどは葉から花粉、根に至るまでその効力が及ぶ怖ろしい物質である。モンサントなどは人間など動物にはBt毒素を胃腸内で消化できる酵素があるから大丈夫だと説明しているがそうだろうか。

最近の研究ではリーキーガット症候群が問題になっている。本来の腸は腸壁の細胞が密着しているがBt毒素によって結合が緩んでそこから未消化の物や有害物質を取り込むことによってアレルギー、自己免疫性疾患、糖尿病、自閉症などの病状があらわれるとされている。上の表を見ると遺伝子組み換えの大豆、トウモロコシの作付面積と慢性疾患である糖尿病の患者の増加が一致している。このことが明らかになってきて、遺伝子組み換え食品についての危険性が消費者の間で広く取りあげられるようになった。

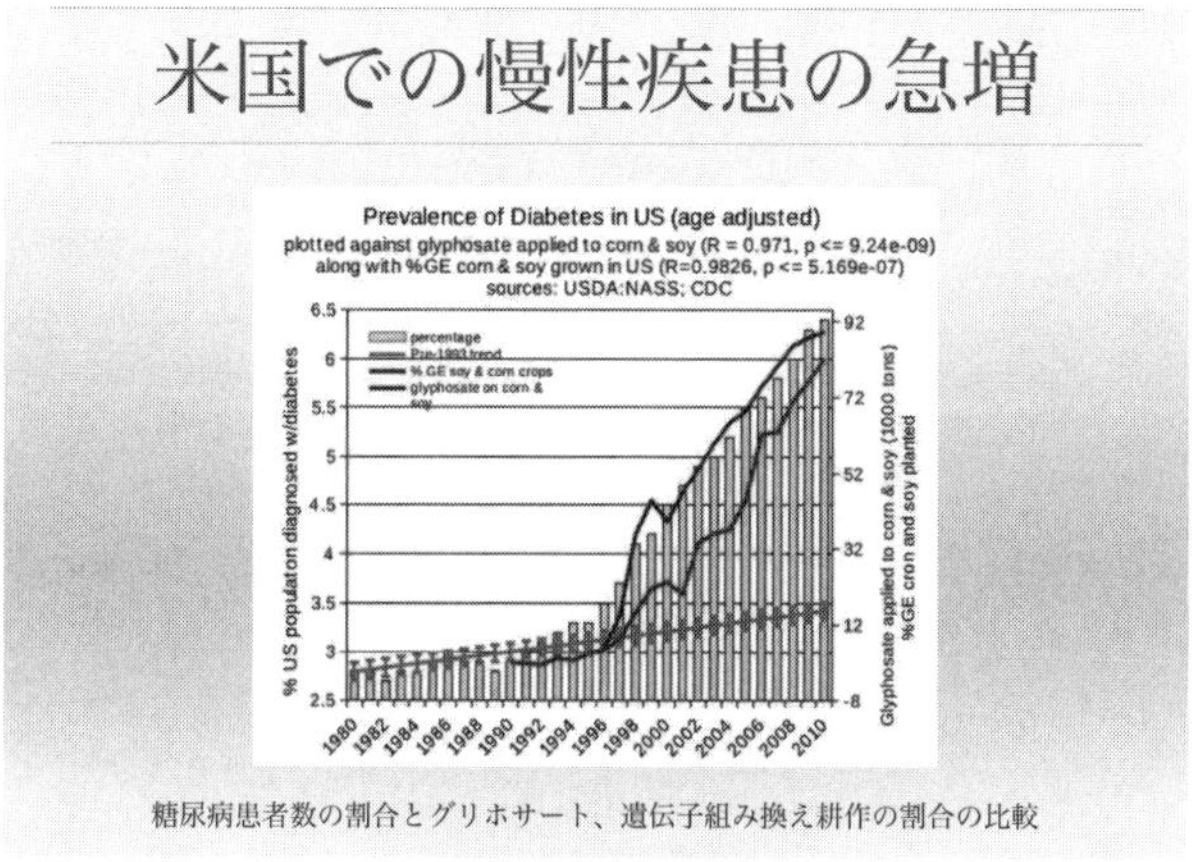

印鑰智哉氏　提供

◉米国では遺伝子組み換え食品は避けられ始めている

遺伝子組み換え食品そのものが安全ではないと多くの研究機関から報告が相次いでいる。２００９年に米国環境医学会（ＡＡＥＭ）が遺伝子組み換え食品の即時の一時停止（モラトリアム）を求めた。同学会の見解は「いくつかの動物実験の結果では遺伝子組み換え食品と健康被害との間には偶然を超えた関連性を示しているが、ことにアレルギーや免疫機能、妊娠や出産に関する健康、生理学的、遺伝学的な健康分野での深刻な健康への脅威に至るものである」としている。

ロシア医科学アカデミー栄養学研究所、カ

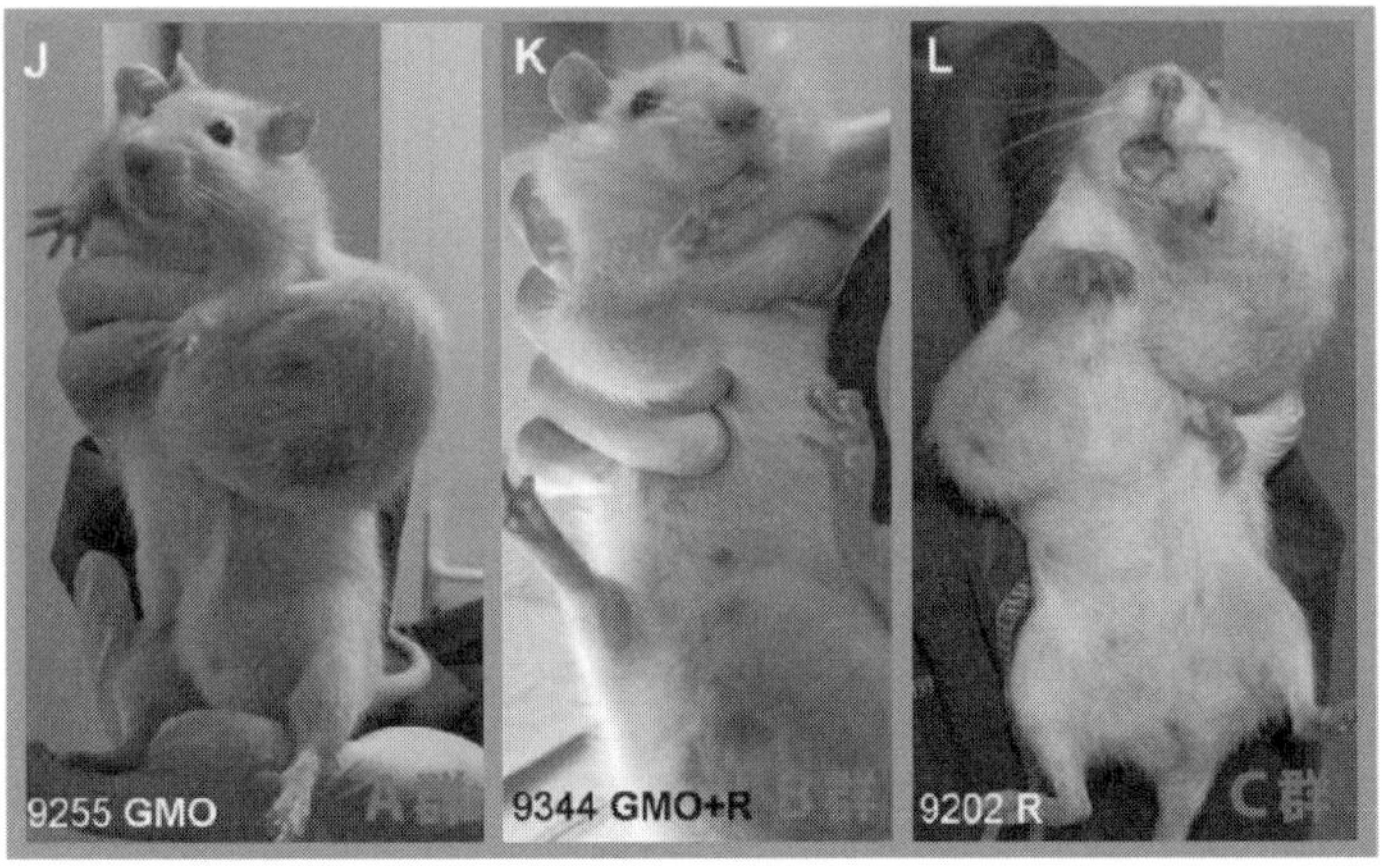

遺伝子組み換えトウモロコシを食べ続けたマウス（AFP：時事）

ナダオンタリオ州のグエルフ大学などの実験例も挙げられているが、米国での報告の中にＢｔコーンを餌に用いた豚の繁殖実験では80％が妊娠しないか、また擬似妊娠だという。そしてＢｔコーンを与えないと治るといった例などが報告されている。

　これらの報告書を読んでいくとアレルギーの子ども、アトピー症、発達障害児が増えていることに納得がいく。フランスのカーン大学の2年間にわたるマウスの実験ではメスの50％～80％にガンが発生している（写真）。このような研究機関の報告もあって多くの人が遺伝子組み換え食品を避けるようになってきたことが遺伝子組み換え作物の栽培面積減少につながっているものと思われる。

そして遺伝子組み換え食品についての表示がなされたことも大きな理由ではないか。２０１６年にバーモント州では主婦たちの熱烈な運動の成果もあって、遺伝子組み換え食品の表示を義務づけることに成功した。

そしてハワイ州では州法で「遺伝子組み換え作物を作らせない、食べさせない」と規制していた。２０１５年私はＴＰＰ閣僚会議がハワイのマウイ島で行われたとき、現地でＮＧＯと合流した。砂浜でデモンストレーションとして総勢６００人で会議場にむかって一斉にホラ貝をふいて「ＴＰＰ反対」をアピールした。

当時のＮＧＯの話では、ハワイ州ではモンサントから裁判を提起され第一審では敗訴、それでも現在ハワイでは遺伝子組み換え作物は作らせないとがんばっている。

米国ではバーモント、ハワイなどで広まった遺伝子組み換え食品の反対運動はますます勢いを増してきた。この運動に火をつけたのが尿、母乳などの検査である。遺伝子組み換え食品を避けてきた妊婦の尿や母乳から次々とラウンドアップの主成分グリホサートが検出された。そしてインフルエンザやB型肝炎などのワクチンを検査に出したところ5種類すべてにグリホサートが検出されてたいへんな反響を呼ぶことになった。

ワクチンは効能を安定させるためのゼラチンが原因で、ゼラチンは豚のヘソの緒から精製されるが、豚の飼料に遺伝子組み換えのトウモロコシが使われていることがわかった。こうして全米の母親たちに大きな衝撃が巻き起こった。

この尿の検査などの運動を始めたのがカリフォルニアのある一人の母親ゼン・ハニカットさんで、この運動はマムズ・アクロス・アメリカとして瞬く間に全米に広がった。こうして2015年にカリフォルニア大学の協力を得て賛同者の尿の検査を行ったところ、サンプル数の93％からグリホサートが検出された。

このマムズ・アクロス・アメリカの運動によってNon‐GMO食品を求める消費者が激増して、米国ではスーパーなどでNon‐GMOの食品のコーナーが設けられるようになり、有機農産物市場が年に10％の成長をとげている。スーパーチェーンのコストコが有機栽培に資金を貸し出して有機作物の増産を依頼しているほどである。

◉仏・独・伊ではラウンドアップ＝グリホサートを3年以内に禁止する

カナダでは遺伝子組み換え作物そのものだけでなく、その栽培に使われる農薬ラウンドアップが人の健康を害していると報告されている。2011年にケベック州のシャーブルック大学医療センター産婦人科の医師たち研究グループが、妊婦とそうでない女性との血液中の濃度を調べるとあきらかに妊婦にグリホサートの蓄積が見られた。特にへその緒に蓄積していたので胎児にも影響があることを明らかにした。

アルゼンチンでは医師団が遺伝子組み換え作物に使われるラウンドアップが使用される前と使用された後の臨床の検証をしたところ、サンタフェ州では10倍の肝臓ガン、3倍の胃ガン、精巣ガンの増加が見られ、ことに若年層のガンの発生、先天性障害、出産時の障害が顕著だとされている。

グリホサートは植物が光合成によってアミノ酸をつくるシキミ酸経路を破壊してしまうので、植物は耐性を持っていないものは枯れてしまうが、人間はシキミ酸経路がないので影響はないとされてきた。しかし最近、グリホサートが人間の腸内にいる何億という腸内フローラの善玉菌まで殺すことが明らかになっている。

このような状況からEUではグリホサートの使用をやめることになっていた。しかし欧州食品安全機関（EFSA）が、メルケル首相の意に反してドイツの大臣が賛成したのでもう5年間使用を認めた。その時の資料がモンサントの作成したものと同一であることが暴露されて欧州ではスキャンダルになった。

今ではフランスとイタリア、オーストリアも3年以内に使用を禁止すること、ドイツもそれで動き出しているので、いずれ世界の流れはラウンドアップ（グリホサート）の使用を禁止、もしくは使用を制限するだろう。

◉日本ではグリホサートの安全基準を400倍にも緩和

日本の動きが気になる。TPPの批准手続きを終えて、これから予測される遺伝子組み換えコメの栽培に備えてのことなのか、このところグリホサートなどの農薬の残留基準を大幅に緩和している。

私が日本の「食の安全安心財団」の理事長唐木英明氏に、「ラウンドアップのグリホサートの害についてWHO傘下の国際ガン研究機構（IARC）では発ガン性のある農薬としてA2のレベルで認められているから使用をやめるべきではないか」と話したら、茨城県常総市の残留農薬研究所を紹介してくれた。そこの研究者の青山博昭氏に聞くと「日本でグリホサートがヒトに害を与える研究をしているところは知りません。グリホサートの発ガン性は赤肉の発ガン性と同じレベルで何の心配もいりません」との返事だった。

日本はグリホサート残留許容量を大幅緩和

	改正前（ppm）	改正後（ppm）	変化
綿実	10	40	4倍
トウモロコシ	1	5	5倍
小豆	2	10	5倍
小麦	5	30	6倍
甜菜	0．2	15	75倍
そば	0．2	30	150倍
ごまの種子	0．2	40	200倍
べにばなの種子	0．1	40	400倍
ひまわりの種子	0．1	40	400倍

2017年12月25日大臣官房生活衛生・食品安全審議官
「食品、添加物等の規格基準の一部を改正する件について」より抜粋

ＩＡＲＣでは発がん性を5段階のレベルで判断していて、Ａ段階はタバコのように人体での試験結果が出ているもので、Ｂ段階が動物実験で明らかになったもので確率がかなり高い。

そして日本の厚生労働省は２０１７年12月25日、こっそりとマスコミの配布資料にも記載されないままにグリホサートの安全基準を最高４００倍に緩和した。このことは私の知る限り新聞、テレビでも一切報道されなかった。

米国ではグリホサートは大豆だけでなく小麦の収穫前に乾燥の手間がいらないとして散布して収穫している（プレハーベストと呼ばれる）。これから私たちは遺伝子組み換えの

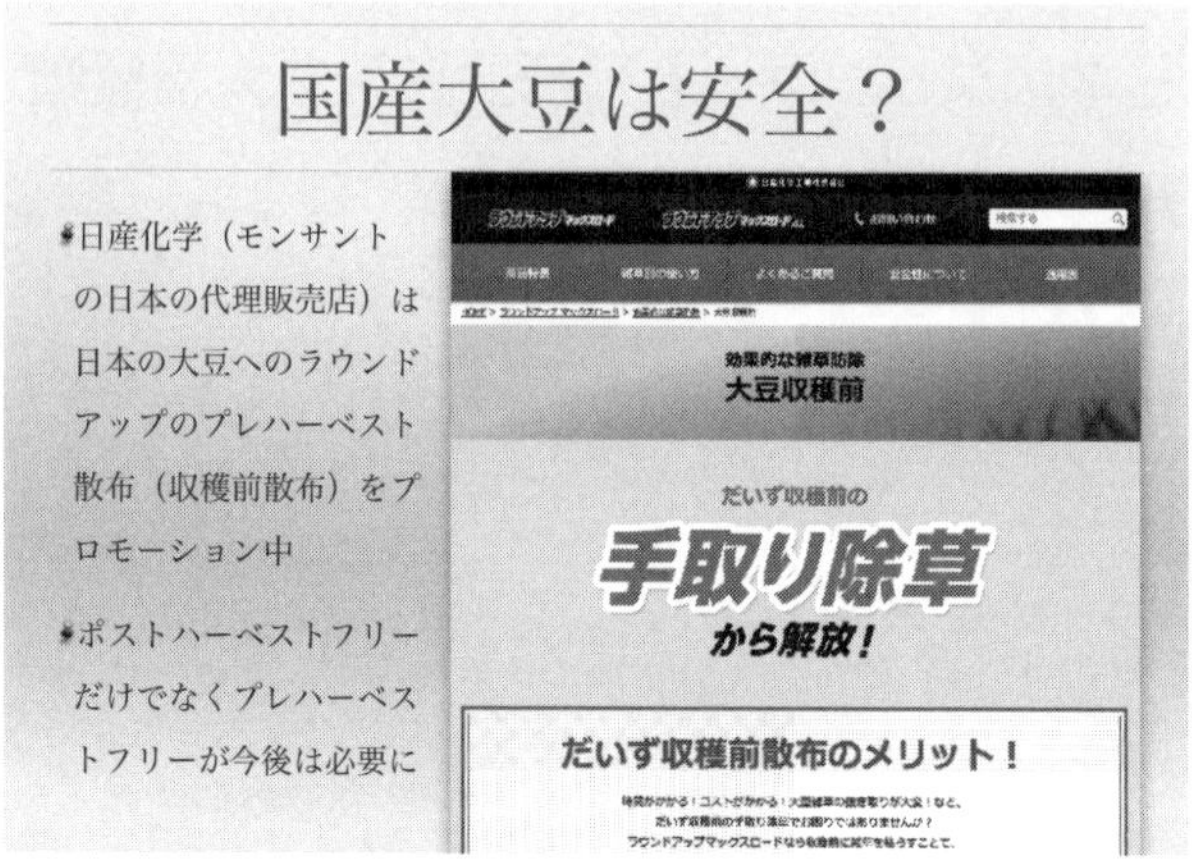
国産大豆は安全？
日産化学（モンサントの日本の代理販売店）は日本の大豆へのラウンドアップのプレハーベスト散布（収穫前散布）をプロモーション中
ポストハーベストフリーだけでなくプレハーベストフリーが今後は必要に
効果的な雑草防除
大豆収穫前
だいず収穫前の
手取り除草
から解放！
だいず収穫前散布のメリット！

印鑰智哉氏　提供

大豆を子どもたちに食べさせないようにしたとしても、米国、カナダから大量に輸入されている小麦、遺伝子組み換えでない小麦製品にたっぷりと散布された残留農薬を摂取することになる。ちなみに小麦の残留基準は５・０ｐｐｍが30ｐｐｍに、そばは０・２ｐｐｍがなんと１５０倍の30ｐｐｍに緩和された。

今回のグリホサートの残留農薬基準の大幅緩和によって日本でもすでに日産化学が国産大豆の収穫前にラウンドアップを散布すれば収穫も簡単で乾燥の必要もないと宣伝し始めている。そうなれば国産の小麦も、コメもそうなるのかもしれない。

コメは国産１００％の伝統的な固定種で守ってきたのに、乾燥の手間がかからないか

小麦が危なくなる

グリホサート推定摂取量（単位：μg／人／day）

食品名	基準値案 (ppm)	一般 (1歳以上) TMDI	幼小児 (1～6歳) TMDI	妊婦 TMDI	高齢者 (65歳以上) TMDI
米（玄米をいう。）	0.1	16.4	8.6	10.5	18.0
小麦	30	1794.0	1329.0	2070.0	1497.0
大麦	30	159.0	132.0	264.0	132.0
ライ麦	30	3.0	3.0	15.0	3.0
とうもろこし	5	23.5	27.0	30.0	21.5
そば	30	33.0	15.0	54.0	33.0
大豆	20	780.0	408.0	626.0	922.0
小豆類	10	24.0	8.0	8.0	39.0

今回の改正で、今後、日本列島住民がグリホサートを摂取する経路は、小麦が断トツで一位となり、大豆を大幅に上回ることになる。

印鑰智哉氏　提供

らと収穫前にグリホサートを散布したら安全なコメが食べられなくなる日がやってくるだろう。

◉モンサントはラウンドアップでガンになるとして多額の賠償を請求される

全米でゼン・ハニーカットさんたちの団体マムズ・アクロス・アメリカによって食の安全を求める運動が広がった２０１８年８月のこと。カリフォルニア州では学校の用務員ドウェイン・ジョンソンさんがグランドの除草のために20回にわたってラウンドアップを散布したところ、そのラウンドアップによって非ホジキンリンパ腫の末期ガンになった。

ドウェイン・ジョンソンさんと著者

ジョンソンさんは裁判所にモンサントを訴えてラウンドアップによって末期ガンになったと損害賠償を求めた。

サンフランシスコの裁判所はジョンソンさんの請求に対してモンサントになんと320億円を支払えとの命令を出したのだ。この裁判は直ちにトップニュースになって世界中を震撼させた。

私はこのニュースを聞き驚いて直ちにカリフォルニアに飛んでゼン・ハニーカットさんにお会いした。彼女はこの裁判の言い渡しにも立ち会っていて、私をジョンソンさんに紹介してくれ、彼にインタビューをすることができた。両腕をまくって見せてもらったがすでにケロイド状で肉が見えている。ジョンソンさんは「家内から強くハグされると皮がずり落ちて辛いのでそっと抱いてくれるだけだが、彼女はまだこんな現状を諦めきれてないようだ」と語っていた。

ラウンドアップは日本ではいまだに規制が野放しでホームセンターに山積みされて売られている。テレビのコマーシャルでも環境にやさしい農薬として販売されている。ラウンドアップの主成分グリホサートは植物のアミノ酸を作るシキミ酸経路を破壊するので植物は全て枯れてしまう。ベトナム戦争で使われた枯葉剤と同じようなものである。

この衝撃の情報で世界各国が次々にラウンドアップの主成分グリホサートのさらなる規制を始めた。すでに世界33カ国が直ちに禁止もしくは農業用に限っては3年後の禁止にするなど規制は強化された。

それだけに終わらなかった。3例目のモンサントに対する裁判は賠償金2200億円の支払いを命ずる判決となった。全米でこのような裁判が12万件も提起されるに至り、2018年6月2日モンサントを買収したドイツの製薬会社バイエルの株価は6割下がった。ついにバイエルは1万2000人のリストラを発表、2019年にはドル箱である動物医薬品の事業を売却するに至った。最近になって1兆2000億円の賠償金で原告12万人と和解を申し出ているが、まだ解決はできていない。

米国ではモンサントはこれで終わった。バイエルも傾くのではないかと噂されるほどになった。ところが日本だけはラウンドアップは個人使用も自由で今でも「環境に優しい除草剤」とテレビCMが流されているのは信じられないことである。

◉農研機構でも遺伝子組み換えコメWRKY45などが試験栽培されている

最近、農研機構が遺伝子組み換えコメの宣伝を盛んに始めていることを茨城県の原木しいたけ栽培グループの会長飯泉《いいいずみ》孝司さんから聞いた。

農研機構の遺伝子組み換えコメがどのようなものか、この目で確かめてみたいと見学を申し入れた。いろいろとあったようだったが、２０１７年10月に見学することができた。

ここには農水大臣の時にも一度来たことがあったが、コメなどの穀物だけでなくサトウキビ、甜菜、ミカン、リンゴ、畜産の全国にある研究所を統括している中核的な存在だけに、さすがに広大な敷地である。

今回は農業生物資源ジーンバンクと第4事業場隔離圃場の2カ所を見せてもらったが、移動するにも車で10分はかかるほどの広さの敷地にいろいろな建物やハウスなどの施設

農研機構の第4事業場の隔離圃場

が数多く設けられている。コメの遺伝子組み換え品種WRKY45は樹木の生い茂った林の前に、刈り入れを待つばかりの赤茶けた稲を遠くから見た。他にも遺伝子組み換えでもゲノム編集によるスギ花粉症に抵抗性のあるコメは、すぐそばで見ることができたので写真を見ていただきたい。

コメ栽培農家はイネが病気に感染すると4割から場合によっては6割も収量が落ちるので病気が一番怖い。WRKY45はコメの3大病気であるイモチ病、白葉枯病、ごま葉枯病に抵抗性を持つトウモロコシの遺伝子を組み換えて入れた複合病害抵抗性のコメの品種だという。これはキュウリ、キャベツ、白菜などが病気に感染、または感染しそうな時に農薬の一種であるプロベナゾール（商品名オリゼメート）を散布するが、トウモロコシに存在するこの病気抵抗性を誘導する物質・プロベナゾールを遺伝子組み換えの技術でコメに組み込んだものだ。これは農研機構が画期的な遺伝子組み換えによる育種技術の開発として喧伝しているところである。

他にもゲノム編集によるスギ花粉に効果があるアレルゲン免疫療法のイネを見せてもらった。私の印象ではかなり丈がある品種だった。

その後、敷地内の農業生物資源ジーンバンクを見学した。鉄筋2階建ての立派な建物が3棟もあって、そのうち一棟は、永年庫と呼ばれる長期貯蔵庫である。国内と世界中から収集してきた種子22万5０００種を真空巻締缶に入れて長期にわたって平均マイナス18度で保管している。世界でも最新鋭の施設だと称するだけに私は目を見張った。

ここでは、このような種子のデータが必要だと申し込めば、データベース化された情報が入手でき、ロボットが自動的に22万5０００以上の品種の中からその種子が詰まった缶を選別して目の前に持ってくる。ＩＤ番号で管理され、コメの品種だけでも5万種以上はあると述べていた。そして、配布用の貯蔵庫の種子も何年かに1回は実際に発芽率を調査して取り替えないと活力が劣化するそうで、たいへんな作業である。

根本博センター長に「この農研機構だけで年間予算はどれくらいか」と聞くと「ざっと2000億円です」とこともなげに答えた。

私は心配になった。前述したが農業競争力強化支援法8条4項には独立行政法人、各都道府県の有する種子の育種技術に関する知見を民間に提供することを推進すると書かれてあった。

国の予算によって農研機構のこれだけの設備で蓄積された知見、知的財産権がこれから国の措置によって海外のモンサントなどに提供されることになる。同法は2017年8月から施行されていて、すでに農研機構の職員が民間の企業に出向しているという話も聞いている。

たとえばイネの病気に抵抗性を持つ農研機構のWRKY45の遺伝子組み換え技術の知見をモンサントに提供すれば、さらなる未知の遺伝子組み換えのコメの種子を開発して、日本のコメ農家はそれに特許料を支払って購入して耕作しなければならなくなるのではないか。

それだけではない。農研機構をはじめ各都道府県の農業試験場の広大な施設そのものが役割は終わったとして、モンサント、ダウ・デュポンなどに安価な価格で払い下げられるのではないだろうか。郵政民営化で郵便局はアフラックの保険を販売、数兆円もかけた立派な厚生施設「かんぽの宿」などの施設が、ただみたいな価格でオリックスに払い下げられたように。

最近、私が案じていたようなことが現実に生じてきた。2018年4月、農研機構の理事長に初めて民間人の久間和生氏が就任することになった。同氏は元三菱電機副社長で、総合科学技術・イノベーション会議の元メンバーである。これから私たちの税金で優秀な頭脳のもとに蓄積された育種に関する知的財産がモンサントなどに提供されることになるのではないか、日本にとって深刻なことである。今回、種苗法改定の審議中に農水省は独立行政法人農研機構の優良な育種知見（知的財産権）が既に民間に譲渡されていることは認めている。その詳細は明らかにしていない。

◉日本はすでに世界最大の遺伝子組み換え作物の承認国である

2017年12月25日に前述のグリホサートの残留基準が一部では400倍に緩和されたことを、農水省の担当者は知らなかった。これまでこのような案件は特に農水省と厚労省との協議で定められていたが、今回、農水省はかやの外に置かれ、いまでは経済産業省が前面に出て遺伝子組み換え作物をつくばに特区を設けて栽培を始めようとしている。

日本政府はＴＰＰ協定批准後には遺伝子組み換え作物の承認件数を急激に増加させて、今では米国を抜いて３０９種類まで認めている。ジャガイモや甜菜など北海道ですぐにでも商業用の作付けが可能になっている。大豆、トウモロコシなどの遺伝子組み換え作物について、今日にでも作付けすることを認めている（第2章参照）。日本の法律上、農家がそれらの遺伝子組み換え作物を作付けすることに何の問題もない。

コメについては現在試験圃場への作付けは認められているものの、カルタヘナ法による承認が必要とされている。

しかし、この承認も申請があれば、日本の食品安全委員会は遺伝子組み換え作物は安全であると明言しているのでそれを阻止する理由はないと農水省では話している。

いよいよ種子法が廃止、運用規則もなくなった現在、遺伝子組み換えのコメ、麦、大豆の種子の販売に備えて日本モンサント、三井化学アグロ、住友化学などはすでに、これまでの「とねのめぐみ」「みつひかり」「つくばＳＤ」などの販売ルートを通じて、その準備は整え終わっている。

現在遺伝子組み換えのコメは試験圃場での試験栽培の段階だが、農家が栽培の申請をすれば、いつでも作れる状況にある。そのうちに、これまでの販売ルートを利用して日本モンサントはコメ農家に「今度の新しいコメの品種コシヒカリ（遺伝子組み換え）を栽培しませんか。この品種はこれまでの品種より収量が1・5倍増えて、除草の手間も省け、しかも病気にもならない品種です。初年度の種籾は無料で当社で進呈します」などと宣伝を始めることになるのではないだろうか。南米、インド、アメリカでそうしたように。

専業のコメ農家、また昨今経営が非常に厳しくなっている山間地域の集落で営農を続けている農業生産法人では、「収穫したコメはすべて牛丼店の業務用米として引き取ります」とすすめられたら、たとえ遺伝子組み換えのコメの種子だと知っていたとしても断れないのではないだろうか。すでに減反の生産調整制度もなくなって、コメ農家は販売先に不安を抱いているようだ。

何しろ1時間当たりの最低賃金は一般の作業では798円（2015年全国平均）なのに農業（0・5ヘクタール未満のコメ農家の場合。冨田洋三氏の論文「TPPと日本農業の将来」より）は109円に過ぎない。最近、私が地方のコメ農家の多い集落で種子法廃止の話をしている時に、実直そうな60歳前後の農家の方に「遺伝子組み換えのコメはなぜ作ってはいけないのですか」とまともに聞かれて一瞬とまどったことがある。

安倍自民党政権になってから、私たちの知らない間にこの4、5年遺伝子組み換え作物に対しての安全性のPRが政府、自治体関係、学校教育、メディアでも深く浸透している。遺伝子組み換え作物に関する新聞、テレビの報道もほとんどなくなった。安全だという認識が一般の農家にまですでにいきわたっていることを実感して恐ろしくなった。

◉日本の厚生省（当時）はモンサントの悪質な欺瞞によって遺伝子組み換え食品は安全だと決定

WHO（世界保健機関）の下部組織である国際がん研究機関（IARC）が2015年に遺伝子組み換え作物では欠かせない除草剤ラウンドアップでガンになる可能性が動物実験では明らかなのでおそらく人間でもその可能性が高いと決定した。このことについては財団法人日本の食品の安心安全財団理事長唐木英明氏とのいきさつを述べている

（186ページ）。彼らはなんの心配もいらない安全なものだと述べているものの現在、世界各国で遺伝子組み換え食品は危険だとして、ロシアは2016年上院下院の立法府で遺伝子組み換え作物の栽培を禁止し、輸入も禁止した。2017年から中国もそれに倣って遺伝子組み換え食品について作付け、輸入も規制をしている。EUは原則禁止で年に7％の割合でオーガニックの農産物の増産されている。米国は遺伝子組み換え農産物は頭打ちでオーガニックの農産物が年に10％の割合で伸びている。

なぜ日本だけがこのように逆走しているのか。

私は後述するようにTPP並行協議による日本政府と米国との協定によって投資家（多国籍企業）の言いなりになって規制改革推進会議の民間の活力を推進する方針に従っているからだと考えていた。

ところが1996年厚生省薬事・食品衛生審議会はラウンドアップ耐性の大豆について「遺伝子組み換え大豆は安全である」と決定したことについて名古屋大学で長い間分子生物学の研究に当たってきた河田昌東さんが決定の過程でモンサントによる重大なからくりがなされていたことを明らかにしたのだ。河田さんはモンサントから厚生省薬事・食衛生審議会へ安全審査のために提出された遺伝子組み換え食品の安全性を立証する英文の安全審査申請書約5000ページを3年間かけて新幹線で名古屋から東京まで通って全文を筆写されたという。

厚生省薬事・食衛生審議会は国民の健康と食の安全を科学的な立場から判断するための組織である。

河田さんの話では厚生省薬事・食衛生審議会は、当時モンサントが提出した申請書をコピーすることも写真を取ることさえ許さなかったのでやむなく筆写したという。河田さんたちは原文からモンサントの資料を分析しているうちに厚生省薬事・食衛生審議会の決定の過程に重大な過失があった事実を明らかにすることができた。

最も大事な記載部分について事務局は翻訳しないままに厚生省薬事・食衛生審議会の専門委員に渡してあったのだ。5000ページに及ぶ化学的な論文を専門委員たちも原文から当たって検討することもないままに決議に同意したことが考えられる。

その資料の一部を見ていただきたい。

第4部（二）ラウンドアップ・レディ大豆の評価

この研究で生産された、大量のグリホサート耐性株40－3－2（非散布）及びA

第4部（二）ラウンドアップ・レデイー大豆の評価

Study 93-01-30-42　　　Experiment 93-480-708

（省略）

Study Title
Roundup-tolerant Soybeans: U.S. Increase,1993　Use Season

I. Summary

――――――――――――（省略　）――――――――――――

The large quantities of GTS line 40-3-2 (unsprayed) and line A5403 seed produced in this study were generated for potential use in large -scale processing studies which will produce toasted meal, non-toasted meal, refined, bleached, deodorized oil, protein isolate, and heat-deactivated protein isolate (Study 94-01-30-43, Experiment 94-480-703). These soybean fractions could be used in future studies, including chemical analysis and sensory evaluation.　（以下省略）

（翻訳）

この研究で生産された、大量のグリフォサート耐性株 40-3-2（非散布）及びA5403 株（訳注：親株）の大豆種子は、加熱粉、非加熱粉や、精製し漂白・脱臭した大豆油、蛋白質、熱変性蛋白質を作るための大量加工に供するためである（研究番号 94-01-30-43、実験番号 94-480-703）。こうして作った大豆画分は以後の化学分析や感応試験に使われる。

安全審査申請書

５４０３株（訳注：親株）の大豆種子は、加熱粉、非加熱粉や精製し漂白・脱臭した大豆油、蛋白質、熱変性蛋白質を作るための大量加工に供するためである（研究番号94－01－30－43、実験番号94－480－703）。こうして作った大豆画分は以後の化学分析や感応試験に使われる

　このようにラウンドアップ・レディ大豆の評価のところに肝心なラウンドアップを散布しないで評価したことになる。こんなバカなことがあろうか。こうして日本の政府はラウンドアップを使用した大豆が安全であると決定したことになる。

◉厚労省は大豆の収穫前のラウンドアップの残留基準の決定も

さらに河田昌東さんはモンサントから日本の薬事・食衛生審議会に提出された文書の中から、ラウンドアップの収穫前の散布を容認するように、モンサントの希望通りにグリホサートの残留農薬基準を引き上げたことも明らかにしている。モンサントが薬事・食品衛生審議会に提出した文書の中にラウンドアップの収穫前の散布で主成分グリホサートが日本のこれまでの残留農薬基準を越えてしまうので、その基準を引き上げてほしい、いわば緩めてほしいとの要請まで書かれてあったのだ。

グリホサートはベトナム戦争で使われた枯葉剤と同様の機能がある。このラウンドアップを収穫前に撒くと大豆の葉、茎などが枯れて収穫の手間が省ける。まだ未熟な大豆も一緒に枯れて、大豆の芯にまでグリホサートが浸透して水分が一滴もなくなってしまうといわれている。大豆そのものは遺伝子組み換えのものでなくとも枯れるので、大豆を収穫する農家には朗報である。

ところがグリホサートが変性したＡＭＰＡはそのまま大豆の中に残って、これまでの日本の残留農薬基準を越えてしまうことになるので、モンサントはその残留基準値を引

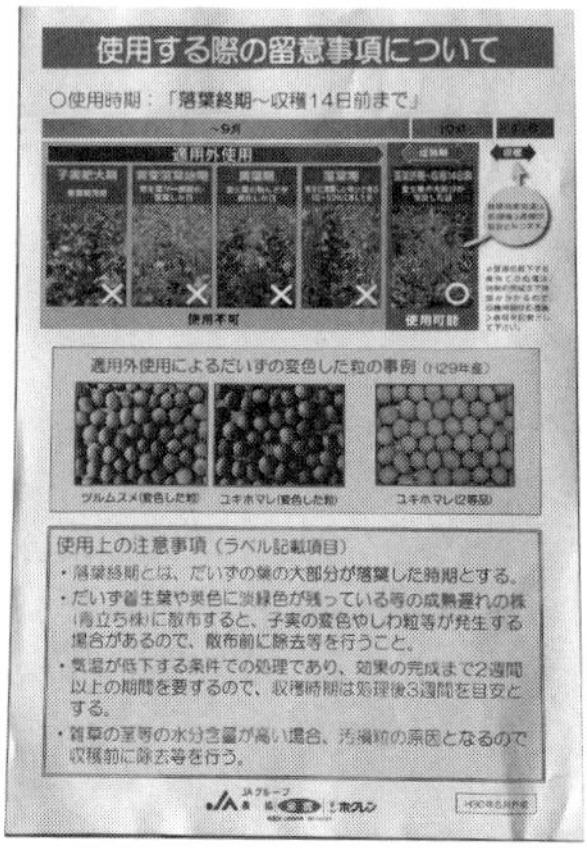
使用する際の留意事項について

○使用時期：「落葉終期～収穫14日前まで」

適用外使用

使用不可

使用可能

適用外使用によるだいずの変色した粒の事例（H29年産）

ツルムスメ（変色した粒）　ユキホマレ（変色した粒）　ユキホマレ（2等級）

使用上の注意事項（ラベル記載項目）

・落葉終期とは、だいずの葉の大部分が落葉した時期とする。
・だいず着生葉や莢色に淡緑色が残っている等の成熟遅れの株（青立ち株）に散布すると、子実の変色やしわ粒等が発生する場合があるので、散布前に除去等を行うこと。
・気温が低下する条件での処理であり、効果の完成まで2週間以上の期間を要するので、収穫時期は処理後3週間を目安とする。
・雑草の茎等の水分含量が高い場合、汚損粒の原因となるので収穫前に除去等を行う。

JAグループ　ホクレン

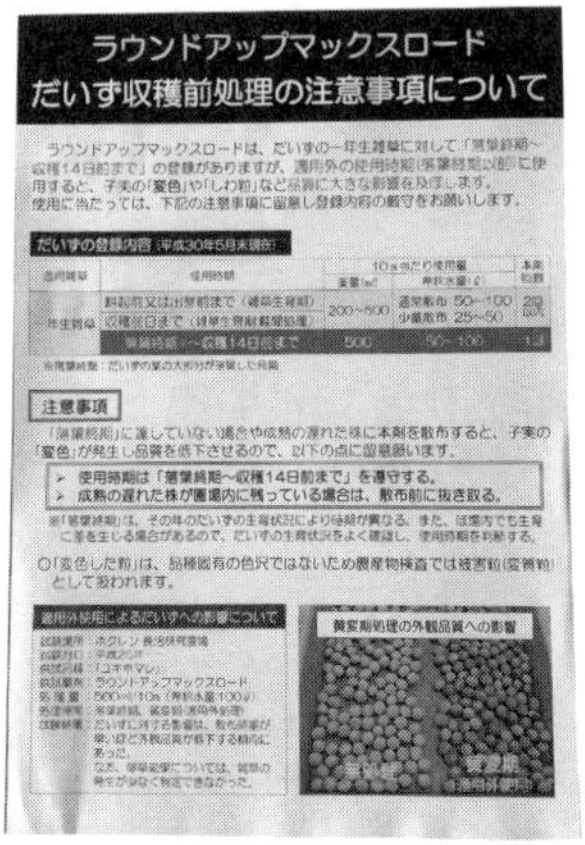
ラウンドアップマックスロード
だいず収穫前処理の注意事項について

ラウンドアップマックスロードは、だいずの一年生雑草に対して「落葉終期～収穫14日前まで」の登録がありますが、適用外の使用時期（落葉終期以前）に使用すると、子実の「変色」や「しわ粒」など品質に大きな影響を及ぼします。
使用に当たっては、下記の注意事項に留意し登録内容の遵守をお願いします。

だいずの登録内容（平成30年5月末現在）

適用雑草	使用時期	10a当たり使用量 薬量（ml）	散布水量（ℓ）	本剤使用回数
一年生雑草	耕起前又は出芽前まで（雑草生育期）	200～500	通常散布 50～100 少量散布 25～50	2回以内
	収穫前日まで（畦間処理）			
	落葉終期～収穫14日前まで	500	50～100	1回

※落葉終期：だいずの葉の大部分が落葉した時期

注意事項

「落葉終期」に達していない場合や成熟の遅れた株に本剤を散布すると、子実の「変色」が発生し品質を低下させるので、以下の点に留意願います。

➤ 使用時期は「落葉終期～収穫14日前まで」を遵守する。
➤ 成熟の遅れた株が圃場内に残っている場合は、散布前に抜き取る。

※「落葉終期」は、その年のだいずの生育状況により時期が異なる。また、圃場内でも生育に差を生じる場合があるので、だいずの生育状況をよく確認し、使用時期を判断する。

○「変色した粒」は、品種固有の色沢ではないため農産物検査では被害粒（変質粒）として扱われます。

適用外使用によるだいずへの影響について

試験場所：ホクレン
供試品種：「ユキホマレ」
供試薬剤：ラウンドアップマックスロード
処理量：500ml/10a（散布水量100ℓ）

黄変期処理の外観品質への影響

JAグループが配布した資料

き上げて、安全だと決定してほしいと日本の薬事・食品衛生審議会に要求しているのだ。

その資料には「新しい使用方法」とある。それは収穫前の散布のことである。そこにはＡＭＰＡという言葉が出てくるがこれはグリホサートが変性したもので、その動物（人体）に与える影響には変わりがない。これでは日本の基準では残留農薬基準を越えるので、基準の方を緩めてほしいと要請しているのだ。これらは中立的な立場から日本人の健康のために食品の安全を審査する薬事・食品衛生審議会に提出するべき書類ではない。

日本は舐められきっている。その通りにした薬事・食品衛生審議会の決定は法律的にも重大な瑕疵《かし》があり覆されるべきものである。

第十部（一）グリホサートの分析
ＭＳＬ－１３４６２（頁23－24）

Ⅳ．結論
（略）
しかしながら、（ラウンドアップ除草剤の）新しい使用方法では、大豆飼料中のグリホサートとＡＭＰＡの合計は、現在の許容濃度15ｐｐｍを越える。従って、大豆飼料中のグリホサートとＡＭＰＡの合計許容濃度は上げる必要がある。

　この日本でこのようなことが許されていいものだろうか。こうして日本の薬事・食品衛生審議会はラウンドアップの主成分グリホサートの残留農薬基準引き上げて、国産の農産物にも新しい使用方法、収穫前のラウンドアップの散布に道を開いたのである。その後、日産化学はテレビコマーシャルでもラウンドアップは環境にやさしい農薬だとして大豆の収穫前に散布することを宣伝している。
　現にホクレンは北海道の農家に２０４ページのようなチラシを配って国産大豆の収穫

前のラウンドアップの散布を奨励している。

日本農業新聞に三重県ではこれまで大豆の除草に中耕として土を寄せていたがそれを禁止して、除草剤ラウンドアップを散布を奨励するような記事まで掲載されている。

私は2年前の6月頃滋賀県に講演に出かけた帰り、小麦の収穫時期であったが、畑の一部だけ黄金色にならずに穂先一面が白くなっているのに気がついた。車を止めてもらって畑の中に入ると、その畑だけはあるはずの青い小麦の下草がない。案内してくれた農家の方も「ラウンドアップを蒔いたに違いない」と述べていた。

ＮＨＫが２０２０年10月末の『クローズアップ現代』で報道したように、米国でのラウンドアップでガンになったジョンソンさんの裁判以来、世界49カ国が除草剤ラウンドアップを禁止している。日本でこのようなことが許されていいものだろうか。

◉なぜ日本で遺伝子組み換え農作物が作付けされないのか

それなのになぜ日本で遺伝子組み換え農作物は未だに商業栽培がなされていないのだろうか。

考えられるのは近年ＥＵのみならずロシアも中国も遺伝子組み換え農産物を作らせない、食べさせないという世界の潮流を受けて、日本でも消費者団体をはじめ小さな子どもを持つ母親、女性を中心に遺伝子組み換え食品に対する長い間の根強い拒否感があるせいかもしれない。

愛知県の農業試験場でのモンサントとの遺伝子組み換えコメの共同研究による栽培は激しい反対運動にあっている。新潟県の上越市高田にある農業試験場で遺伝子組み換えのコメの試験栽培について農民が原告になって廃止を求める裁判を提起、２年ほどで農業試験場も栽培をやめている。かつて、日本でも遺伝子組み換え食品について、「食政策センタービジョン21」の安田節子さんが中心になって遺伝子組み換え食品表示を求める２２０万人の署名と意見書を提出、１０００を超える地方議会が採択し、２００１年から、遺伝子組み換え食品に対する５％以上の混入についての表示制度がスタートした。また「遺伝子組み換え食品いらない！キャンペーン」はいまだに活動を続けている。

最近スーパーに買い物に行くと、商品を手に取って、原材料や添加物の表示をチェックしている主婦の方をよく見かけるようになった。もしもスーパーなどにコメが並べられてあって同じコシヒカリでも遺伝子組み換えであると表示されていたら、それが日本で生産された国産のものであったとしても、一般の人は買うだろうか。現状ではコメ農家は遺伝子組み換えイネを作りたくても表示義務があるので作れないのが真相であると思われる。

また大手スーパーなどの小売業者も遺伝子組み換え食品を販売することが店のイメージ、信用を損ねるのではないかと気にしているかもしれない。

◉日本でもこれから遺伝子組み換え食品の表示ができなくなる

ところが日本の遺伝子組み換え食品の表示は、米国のバーモント州や各国にあるような法律によって義務づけられているものではなかった。ＴＰＰ違憲訴訟の弁護団で調べると２００１年に公布された内閣府令で義務づけられているに過ぎないことがわかった。現在、法律もなく内閣総理大臣が決めさえすれば、国会で審議されなくてもいつでも遺伝子組み換え食品の表示義務をなくすことができる状態にある。

消費者庁では２０１７年から遺伝子組み換え食品の表示についての審議がなされた。当初は遺伝子組み換え食品の表示で輸入大豆などの「分別」「不分別」の区分も消費者にとってわかりにくいので、遺伝子組み換えなのかどうかを明確に表示すべきであることなどが当然議論されるものと皆が考えていた。

しかし今回の消費者庁の食品の表示に関する審議会の検討は最初からおかしかった。明治大学の講師で日本消費者連盟の元共同代表の山浦康明さんは「審議会の委員はこれまで食品表示に携わったメンバーが大幅に入れ替えられて、消費者団体からの遺伝子組み換え食品について否定的な委員は外され、企業側の委員、そして学識経験者として選任されている委員はどちらかといえばいつも各種の審議会で政府側の立場に沿う発言をしている学者が選ばれている」と私に懸念を表明していた。

私の友人で「日本の種子（たね）を守る会」事務局の杉山敦子さんが友人とこの審議会の傍聴に行ったら、自分たちにカメラを向けて写真を撮っている人がいる。「肖像権の侵害ではないか、少なくとも名刺を出しなさい」と詰め寄ったらしぶしぶ名刺を出した。なんとアメリカ大使館の職員だったという。そこまで米国の圧力は安倍政権の中枢に深く入り込んでいるので、遺伝子組み換え食品の表示がどうなるか予断を許さない状況にある。

1年間の審議を終えて2018年3月28日に、消費者庁の遺伝子組み換え食品の表示

日本とEUの加工食品の表示の違い

	日本の現状	EUの現状
表示の対象食品	食用油や醤油など大半の食品が対象外	全食品表示
原材料・上位品目の限定	上位3品目（重量比5%以上）に限定	限定なし
混入率	5%まで認め、 「遺伝子組み換えでない」表示が可能	0.9%以上は表示
レストランでの表示	設定されていない	外食産業も対象
飼料の表示	設定されていない	表示の対象
表示のわかりやすさ	「使用」「不分別」「不使用」、表示なし	「GMO」、表示なし （表示なしは不使用）

消費者庁の資料をもとに作成

に関する検討会の報告が出された。

私たちの日常生活に欠かせない食用油、醤油は遺伝子組み換え由来の大豆が使われている場合が多い。ところがそれについてはこれまで表示が全くされていない。私は衆議院議員時代にこのことを国会で追及して、その顚末を２００５年に宝島社から出版した本『アメリカに潰される！日本の食』にも書いたことがある。

その理由として食用油や醤油はタンパク質が変化して検査をしても遺伝子組み換えのＤＮＡは検出できないから表示は不要だとして、５％以上の混入があっても表示しなくてもいいことになっていた。

しかし当時、名古屋大学医学部出身で衆議

院議員の岡本充功さんの調べで、ＤＮＡの検出は可能であることを国会で主張してもらったことを今でも覚えている。

今回の審議会ではさすがに検出は不可能だとはならなかったが、コーンフレークの例からして検査したら商品すべてで遺伝子組み換えのＤＮＡが検出されたが、残存量が少ないなどの理由から今回も表示は見送られた。

また現在の制度では遺伝子組み換えの表示義務は原材料の原料に占める割合の上位３位まで、かつ、原材料及び添加物の重量に占める割合の５％以上であるものに限定されている。

このことは私たちが食べている食材の中に遺伝子組み換えの材料がかなり含まれていてもその一部しか表示できないことになり、ＥＵの厳格な表示と比べはるかに緩いものになっている。私も現職の議員であった当時、検出可能なものは表示すべきであると主張してきたが、これも業界からの反対が多いとして現状維持となった。

さらに問題の「遺伝子組み換え不分別」の表示は一般の消費者にとってはなんのことかわからない。これも明らかにすべきだと消費者団体は主張してきたが見送られた。

今回は遺伝子組み換えでない表示について大きく変えられることになる。

これまでは5％以下の混入について遺伝子組み換えでない表示が任意で認められていた。ところがこれからは0％、不検出でないと、たとえばこの豆腐は「遺伝子組み換えでない大豆から作られた」という表示はできなくなることになる。

遺伝子組み換え食品の表示は検出できても表示しなくていいのに、非遺伝子組み換え食品は不検出でないと表示できないとは論理からしておかしい。

これからは牛肉、豚肉、鶏肉の飼料である大豆、トウモロコシなどに少しでも、遺伝子組み換えのものが混入していれば、餌にも遺伝子組み換えの飼料は使っていないといった表示はできなくなる。

現在では輸送、流通の段階で少量の遺伝子組み換えの原料の混入は避けられないとしてEUでも遺伝子組み換え食品でない表示も0・9％までの混入は認められている。

政府は米国の多国籍企業の要望どおり、まず遺伝子組み換えでない食品の表示を事実上やめさせようと今回の消費者庁の検討会で決めたことになる。

最初の段階として政府は「遺伝子組み換えではない」の表示をやめさせて、5％の枠を取り払い、いずれ「遺伝子組み換えである」表示も廃止する巧妙な戦略を立てて審議会の議論をリードしたことになる。米国でお母さんたちの運動によって「Ｎｏｎ-ＧＭ

O」の表示が食品メーカーからスーパーまで拡大していることから、日本ではまず「Non-GMO」の表示をさせないことから始めようと。

すでに事実上Non-GMOの食品の表示ができなくなる状況が始まった。西日本を中心とした生協グリーンコープから聞いたところによると「大手食品メーカーから遺伝子組み換えでない大豆で生産された食用油であるとこれまで表示していたPB商品の表示ができなくなります」と連絡がきたという。

◉日本の食品の表示については、TPP協定で規定されていた

消費者にとって、食品の添加物、産地の表示、ことに遺伝子組み換えの食品であるかどうかの表示の問題は子どもたちに何を食べさせたらいいのか大切な判断基準となる。

TPP協定はトランプ大統領の離脱表明によってなくなったと思っている人が多いがそうではない。米国を除く8カ国によるTPP協定は2018年3月8日に署名されて、すでに2018年12月30日に発効された。TPP協定の本体30章8000ページの上に各国の要望を入れて、医薬品のデータ、保証期間の創設などのごく一部を凍結しただけ

ですべてそのままである。ＴＰＰそのものが発効されると考えていい。

実は、メディアは全く報道しなかったが、食品の表示の問題についてはたいへん大事なことが、２０１６年2月に日本がニュージーランドで署名して、国会で批准したＴＰＰ協定の第８章ＴＢＴ（貿易技術）７条に次の通りに記載されていた。

○透明性（第8章7条）
各締約国は、利害関係者に対し自国が作成することを提案する措置について意見を提出する適当な機会を与え、その作成において当該意見を考慮すること等により、他の締約国の者が中央政府機関による強制規格、任意規格及び適合性評価手続の作成に参加することを認めること、（以下略）

条文のため意味を理解するのが難しいので説明すると、締約国である日本が遺伝子組み換え食品表示について必ず表示しなければならないと法制度で定めれば、これはＴＰＰ協定では「強制規格」にあたる。

強制規格では、日本は何を理由に表示義務を課さなければならないのか、適合性評価手続きが求められる。たとえば国の遺伝子組み換えコメの「祭り晴」とこれから主流になる除草剤耐性のコメ、ゴールデンライスについての食品表示を従来どおりに義務づけようとすれば、その適合性評価を決定するときには利害関係者の意見を聴取して他の締結国も参加しなければいけないことになっている。

遺伝子組み換え小麦の場合では特許権者モンサント社が日本国内で遺伝子組み換えであることの表示がなされれば、日本で製品が売れなくなり期待した利益が得られなくなるので、利害関係者である各社の説明を日本は聴取しなければならない。

しかも、条文では利害関係者の「意見を考慮して決める」ことになっている。

それだけではない。食品の表示についての規格も、内外無差別（国内での対応と海外の企業に対して差別してはならない）、公平公正な自由貿易を促進するために、TPP協定では各国から委員を出して作業部会で決めることになっているが、日米の間で2016年TPP協定署名時にTPP並行協議による附属書が交わされていた。それによると日米の間で強制規格を決めるにあたっては作業部会を設置することになっている。

安倍自公政権は、TPP協定は発効されなくても、TPP並行協議で交わされた日米の交換文書は有効だと国会でも述べているので、すでに遺伝子組み換え食品の表示に関する日米の作業部会は設置されて動き出していると思われる。前述したが、そのことは消費者庁での遺伝子組み換え食品の表示についての審議会で写真を撮っていた米大使館職員の話につながるのではないだろうか。こうして日本で2023年から遺伝子組み換え作物の混入がゼロでなければ、豆腐や納豆などの「遺伝子組み換えでない」という表示は事実上できなくなる。

◉遺伝子組み換え小麦が輸入されることになるのでは

麦についても古くは8000年前の石臼が発見され、日本でも奈良時代前から各地で多様な品種が栽培されてきた。現在日本で最も栽培されているのが北海道のホクシンで主に麺用だが広い用途に使われ、最近では「春よ恋」や「きたほなみ」などもパン用の優れた品種として栽培され始めている。九州でも佐賀、福岡などの「シロガネコムギ」など全国各地でそれぞれの地域の風土に適した小麦、大麦、裸麦が作られてきた。

大豆も同様で日本が原産国ともいわれているほどで、かつてはコメと麦の2毛作、それに大豆の輪作で化学肥料などを必要としない循環型の農業が営まれていた。

日本では伝統的な固定種が栽培されてきた大豆、麦類の原種、原原種も種子法廃止によって作れなくなる。そうなれば、大豆も麦もこれまでのような良質な公共の種子が手に入らなくなって、民間企業の種子を栽培するしかなくなってしまう。

関西よつ葉連絡会の「よつばつうしん」に次のような記載がある。望月製麺所の泉田覚さんが小麦品種の「つるきち」を残してほしいと訴えているのだ。私も各地でこだわりの小さなパン屋さんにお会いしたが、栃木の若いパン屋さんが「子どもたちが喜んで食べてくれるのにこれから『つるきち』などの伝統的な固定種がなくなることがたいへん心配です」と語っていた。

民間の種子になれば品種も限られて、将来に向けてF1の品種や遺伝子組み換えの品種も用意されている。

大豆については1995年ごろから除草剤耐性の遺伝子組み換え大豆が米国、カナダ、ブラジルなどですでに80％以上栽培されるようになった。

最近小麦についても遺伝子組み換えの品種が開発されている。

これまでは、私も米国にはBSE（牛海綿状脳症）問題、日米農業交渉などで何度も訪米したが、そのつど当時の農務省のペン次官ら政府高官に「米国は大豆、トウモロコシで遺伝子組み換えを栽培しているが、なぜ小麦は遺伝子組み換えでやらないのか」と聞くと必ず「大豆、トウモロコシは家畜が食べるもので、小麦は人間が食べるものだから遺伝子組み換えでは作らせない」と答えていた。

ところが2015年TPP交渉がヤマ場に入って、ワシントンに出向いて政府関係者、業界団体と情報交換のため全米小麦協会のドロシー会長にお会いしたら話が一変したので驚いた。

彼に「米国でも遺伝子組み換えの小麦を開発して試験栽培を始めたところです。米国では国民の間に抵抗が強いので、まず日本で食べてほしいと思っている。山田さんよろしくお願いします」と言われてしまった。

その後、朝日新聞の「枯れぬ小麦、オレゴン州……」の記事を見てすでに栽培が始まったことを知らされたが米国のアグリビジネスのモンサントなどは、TPP交渉を通じて世界で初めての遺伝子組み換えの小麦をまず日本人に食べさせようと企んでいることが考えられる。

・日本農業新聞の2016年の記事で「GM小麦日本も視野」とあるが、これは「日本が視野」が米国の本音である。モンサント社が除草剤耐性の遺伝子組み換え小麦を開発

GM小麦 日本も視野

全米小麦生産者協会は3日、遺伝子組み換え（GM）小麦の商業栽培へ向けた取り組みを強化する方針を明らかにした。将来は小麦の最大輸出先である日本市場も視野に入れるという。

全米麦生産者協会

米国では、大半が家畜の餌として使われるトウモロコシと大豆は、GM作物が9割以上を占める。

これに対し、パンやパスタなどの原料となる小麦は、消費者の根強い懸念を踏まえ、導入は見送られてきた。

協会首脳は同日記者会見し、「GM品種なら生産性が大きく改善する」とメリットを強調。実際に商業栽培や輸出を行うには関係当局の認可が必要となるが、安全性に問題はないとアピールしていく考えだ。

（ニューオーリンズ＝米ルイジアナ州＝時事）

日本農業新聞2016年3月5日

したのは１９９８年で米国環境保護庁の承認を２００１年に取得して試験栽培を始めている。

米国、カナダの国民の反対も強く２００４年には撤退を表明していた。ところがドロシー会長が述べたようにここにきて遺伝子組み換え小麦の栽培がにわかに動き始めている。

この小麦はモンサント、ダウ・デュポンなどが開発した干ばつに強い、収量増の遺伝子組み換えの品種とされている。米国では全米小麦協会など、各種の団体なども推進の動きを活発に進めている。

オーストラリアでもモンサント社とドイツのバイエルクロップサイエンスが開発した遺伝子組み換え小麦の栽培が現実のものになろ

忍び寄る遺伝子組み換え作物

拡散 気づかず栽培も

米・オレゴン州産の小麦の輸入が今年、一時停止された。同州の畑で、栽培されていないはずの遺伝子組み換え（GM）小麦が見つかったためだった。日本では、安全性が確認されていないGM作物＝キーワード＝が知らぬまに栽培されていたケースもある。こうした現象はもっと増える可能性があると専門家は指摘する。

遺伝子組み換え（GM）作物

特定の除草剤では枯れない、食べた害虫が死ぬなど特定の機能を持つ遺伝子を組み込んだ作物。世界の食糧需要をまかなう期待がある一方、長期間摂取した場合の安全性に不安の声がある。

日本では、厚生労働省と内閣府の食品安全委員会がジャガイモ、大豆、テンサイ、トウモロコシ、ナタネ、ワタ、アルファルファ、パパイアの8作物283種類について食用の安全性を確認している。

枯れぬ小麦 経緯不明

米・オレゴン

収穫を終えた麦畑がうねるように広がる。米国北西部のオレゴン州。年140万トンの小麦生産は州の主要産業だ。この小麦畑の一角で今年春、GM小麦が生えているのが見つかった。GM大豆などが商業栽培されている米国でも、GM小麦は商業栽培されていない。だが、除草剤をまいても枯れなかった小麦があり、分析の結果、種子の大手、米モンサント社が1998〜2005年、全米各地で試験栽培したGM小麦と判明した。日本は同州の小麦の輸入を停止した。

試験栽培の場所は公表されていないが、分析した研究者によると最も近いところでも数十キロは離れているとみられる。なぜ8年もたって突然現れたのか。米農務省が調べたが、原因は分からないままだ。モンサント社は「食品としての安全性については米食品医薬品局（FDA）の審査を終えていた。今回の原因は分からないが、流通経路に混入はない」としている。

日本の農林水産省は輸入していた同じ品種の在庫小麦などを検査。GMはないと判明し、検査態勢を整えて7月に輸入再開を発表した。

同州から日本への小麦輸出は50年以上続く。リーダー・クレイグさん(37)も代々、育ててきた。「日本人が敬遠するGM小麦が見つかったなんて。原因がわからず不気味だ」と話す。（伊藤恵里奈）

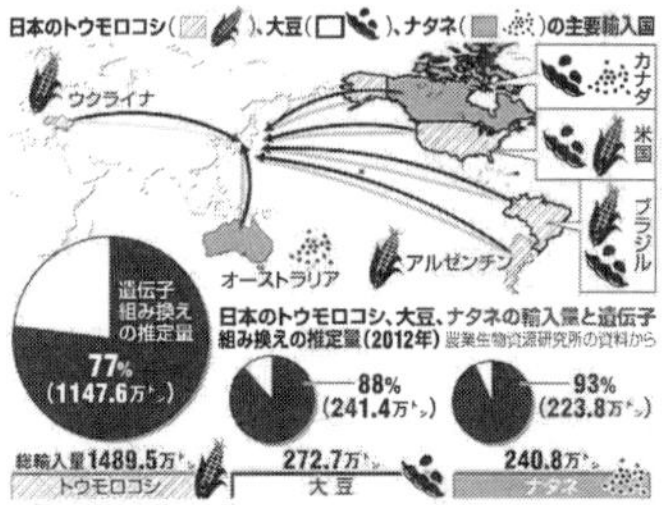

輸入大豆の88%

研究所推計 加工・飼料用に

GM作物の商業栽培は96年に米国で始まった。国際アグリバイオ事業団によると、ブラジルなど28カ国に広がり、昨年の栽培面積は96年の100倍に。米国では栽培されるトウモロコシや大豆の約9割に上る。

日本ではトウモロコシなど8作物283種類について食用の安全性を確認。独立行政法人農業生物資源研究所の推計では、昨年日本が輸入した大豆の88%がGMとみられるなど多くのGM作物が輸入され、食用油への加工や家畜の飼料などに使われている。農水省によると、大豆の国内自給率は8%にとどまるなど輸入に頼る作物も多い。

自然界の植物は花粉を飛ばすことなどで子孫を広げるが、モンサント社はGM作物について「交雑種が近縁種に取ってかわらないなど環境への安全性を確認している」と説明する。日本でも生物多様性への影響がないことを確認した大豆など8作物97種類は栽培を承認。だが、「実際に食用で商業栽培している例はない」（農水省）。消費者の抵抗感などが理由という。

九州や関西の14生協でつくるグリーンコープ（本部・福岡）の遺伝子組み換え食品に関する専務スタッフ中島克哉さんは「長期的に摂取して人体に被害がないか、将来的に生態系に影響がないかなど解明できていないこともある。何か起きてからでは遅い」と話す。

東京農大の山口裕文教授（応用生物多様性学）は「食材や種子は国境を越えて移動している。GM作物が知らぬまに入り育つことは、どこでも起こりうる現象だ。日本の対応は後手に回っており、こうした現象はもっと増える可能性がある。開発した研究機関や企業はしっかり管理する責任がある」と指摘する。

（才本淳子、田中京子）

パパイア台湾から混入

沖縄

遺伝子組み換えパパイアの木。葉の根元が赤みをおびている＝農林水産省提供

2年前の春、沖縄。県民が炒め物などで食べる伝統野菜パパイアの農場で、国から安全性が認められていない種類のGMパパイアが見つかった。87農家の約8千本が伐採された。

別の種類のGMパパイアを研究していた国立医薬品食品衛生研究所が偶然、直売所のパパイアを検査したところGMの疑いのパパイアが見つかり、農水省が調査。混入したのは台湾の大学で研究されたGMパパイアと判明した。台湾では病気に強いパパイアが研究されていたという。

大学から台湾の種苗会社の農場に紛れ込み、そこから種苗を輸入した日本の種苗会社が農家に販売していた。05年から09年に輸入されたという。どうやって台湾の会社の農場に入ったかは今もわかっていない。

「無農薬で食の安全にこだわっていたのに。知らぬまにGMパパイアを栽培していたなんて」。専業農家の大城浩明さん(61)は憤る。直売所や農協に出荷し、全国に流通。地元の小中学校の給食用にも出していた。

国の調査で昨年、道ばたなどに生えるパパイア59本がGMとみられるとわかり、伐採した。鳥が種を運んだとみられる。今年は見つかっていないが、農水省の担当者は「もう流通はしていないものの、ほかに生えていない保証はない」。調査を続けていくという。

朝日新聞2013年12月22日

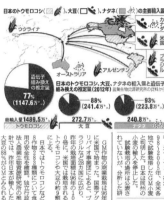

うとしている。

種子法が廃止されて、これからはモンサントなどの遺伝子組み換えの大豆、トウモロコシ、アルファルファなどの牧草の他に小麦も当然輸入されることになるものと思われる。

実は日本が批准しているTPP協定では、これまでの世界のあまたある通商条約の中で初めて遺伝子組み換えのワードが出てくる。

同協定の第2・19条に次のように書かれてある。

第2・19条　定義
現代のバイオテクノロジーとは、自然界における生理学上の生殖又は組み換えの障壁を克服する技術であって伝統的な育種及び選抜において用いられない次のものを適用することをいう。
(a) 生体外における核酸加工の技術（組み換えデオキシリボ核酸（組み換えDNA）の技術及び細胞又は細胞小器官に核酸を直接注入することを含む）
(b) 異なる分類学上の科に属する生物の細胞の融合

現在のバイオテクノロジーによる生産品は、現代のバイオテクノロジーを用いて開発した農産品、魚、魚製品を意味するが、医薬品及び医療品は含まれない。

驚いたことに、今回のTPP協定ではバイオテクノロジーによる生産品の中に植物だけでなく、魚と魚製品も含まれている。これは米国の遺伝子組み換え食品が植物などの農産物だけでなく、動物の域に初めて踏み込んでいることを示している。いずれ魚介類はおろか、畜産物にも拡大される怖れがでてきた。

米国のテキサス州A&M大学では成長が早く筋肉が増えていく牛と豚を開発している。ゲノム編集技術によって筋肉の増加を抑える遺伝子を切断することによって同様の技術で京都大学では成長が早いトラフグ、マダイなどを開発したといわれている。

ところでTPP協定で明記された魚、魚製品とは何を指しているのか。

2015年11月にアメリカのFDA（食品医薬品局）は、アクアバウンティ・テクノロジーズ社開発の遺伝子組み換えの鮭（通称フランケンフィッシュ）に「自然界の鮭と同じようなもので、食べても人体に危害をもたらすものではない」として食用とすることを承認した。

植物以外で人間の食用として遺伝子組み換え動物が承認されたのは初めてのことだ。

この遺伝子組み換え鮭は、少ない餌で通常の2倍の速さで成長するよう、アトランティックサーモンにゲンゲというウナギに似た深海魚の成長ホルモンの遺伝子を組み込んである。染色体を4組持つ4倍体の鮭がもしも自然界に放たれたら、キングサーモンの25倍までの大きさに成長して100キロを超える鮭が海の生態系を壊してしまうとこれまでにも多くの科学者が反対してきた。

それなのに米国では、パブリックコメントにおいて200万人の国民が反対したにもかかわらず、2016年には流通されることになっている。

米国では現在ウォルマート以外のスーパー約8000店は販売を拒否するなど、初の遺伝子組み換え動物性食品に対して強い反発が広がっている。現在のところ、あまりにも反対が多いので未だ流通されていないようだが、カナダではすでに生産されている。

TPP協定では、何とこれらの遺伝子組み換え鮭など数多くの遺伝子組み換え食品を安全なものとして、域内での自由な貿易を前提にさまざまな規定を設けている。

まず、第2・27条第8項にははっきりと「遺伝子組み換え農産物の貿易の中断を回避し、新規承認を促進する」と書かれている。これは、これまで日本の国内法で、遺伝子

フランケンフィッシュ　中日新聞webより

組み換え食品は原則輸入禁止、すべての遺伝子組み換え食品に表示義務を課してきた法体系とは矛盾することになる。

憲法上日本では条約のほうが国内法よりも優位に立つので、こうした場合は国内法を書き換えていかなければならない。政府は「ＴＰＰで日本の法律を変更する必要はない」と説明しているが、遺伝子組み換え表示について単なる内閣府令でも法制度にはかかわりなく、政府の説明は詭弁である。

さらに、遺伝子組み換え食品の貿易を円滑に進めるためにＴＰＰ加盟国間で農産物だけの小委員会を設け、さらに作業部会を発足するようになっている。

そこでは遺伝子組み換えの新規の承認、た

とえば遺伝子組み換え鮭の輸出入の承認の促進、さらに遺伝子組み換え鮭としての表示などの措置についても話し合いができるようになっている。（第２・27条第９項）

これまで遺伝子組み換え食品についてはカルタヘナ議定書があった。その第17条では、たとえばかつて米国で開発され、すぐに人の健康を損なうとして生産が止められた遺伝子組み換えのトウモロコシ「スターリンク」が輸入されるような場合にはその国の生物多様性、人の健康を害する危険性があるとして速やかに輸入を止めるなどの緊急措置をとれるようになっていた。さらに、そのような行為は処罰することができるとなっていた。

これはとても大切なことである。

ところが、今回のＴＰＰ協定では、近い将来遺伝子組み換えコメ、麦、大豆が輸入され健康被害が生じたとしても輸入国である日本などは独自の緊急措置をとることもできず、処罰の規定も抜け落ちていて、米国など輸出国に自らの費用で随時送り返すか、それらを死滅させることを求められることになっている。あまりにも一方的で不平等な条約だとしか思えない。

何より怖いのは遺伝子組み換え鮭が蒲鉾、すり身など加工品として輸入され、何の表示義務もなかったとしたら、私たちは何も知らないままに遺伝子組み換え鮭を子どもたちに食べさせることになる。考えれば考えるほど日本人にとって怖い話である。

◉これから日本でゲノム編集作物の流通が始まる

たいへんなことになってきた。

政府、厚生労働省、消費者庁、農水省はゲノム編集作物について2019年10月、他の生物の遺伝子を組み換えるわけではなくタンパク質に変化はないので遺伝子組み換えではない、安全であると決定した。ところが米国と日本を除くEU各国においてはゲノム編集作物はこれまでの遺伝子組み換え作物と同様であるとして同じような規制を続けているのが現状である。EUの司法裁判所、ニュージーランドの裁判所はその旨を判決で確定させている。

大丈夫だろうか。

これからは、日本ではゲノム編集作物は遺伝子組み換え作物のような安全審査の手続きもいらず、任意の届け出だけで、なんの表示もないままに流通させるのだ。このことは、これまでの食の安全を覆すような重要な決定であるのに日本の新聞テレビは全くと言っていいほど報道しなかった。世界的にもゲノム編集は、遺伝子組み換え技術によってなされるものであることは誰も否定しない。

ただ狙った遺伝子、例えばコメの種子の遺伝子で花芽の成長を抑制する遺伝子だけを壊せば花芽はいつまでも分結成長を続けるので多収穫のコメの種子を開発できることになる。すでにゲノム編集による多収穫のシンク能改変稲も用意されている。それまでの遺伝子組み換え技術では狙った遺伝子のところを銃で打つような方法でうまく当たれば成功というかなりリスキーな面があった。ところが2012年、クリスパー・キャス9の技術がカリフォルニア大学のジェニファー・ダウドナ教授とウメオ大学のエマニュエル・シャルパンティエ教授によって開発されてからは大きく変わった。当てずっぽうでなく計画的に狙った遺伝子を改変することが可能になった。

狙った遺伝子のところに確実にハサミを持って行って壊すことができ、かつ別の生物の遺伝子を入れることもできるようになった。この技術は画期的なものとして各大学の研究機関、企業の研究機関などが一斉にこのゲノム編集技術による新品種の開発に乗り出した。新聞テレビもこのクリスパー・キャス9の技術によってゲノム編集はＩＴ産業に次ぐ次世代の産業だとして持て囃した。日本の大学、大企業も競ってこの研究に取り組んでいるのが現状である。農学部などではかっての農場での品種改良ではなく試験管によるゲノム編集の研究で、今では理学部の様相を呈してきたといわれている。

２０２０年10月ノーベル化学賞を受賞した「時代の寵児」ゲノム編集はそんなに単純に喜べるものだろうか。

私はゲノム編集について世界的な権威カリフォルニア大学のチャペラ教授、フランスのカーン大学のラットの実験でも有名なセラリーニ教授、日本でも名古屋大学で長い間分子生物学者として研究に携わってきた河田昌東さんにも直接お会いして、いろいろお聞きすることができた。わかってきたのは遺伝子は通常お互いにコミュニケーションを取り合ってバランスを保っている。その一つの遺伝子が壊されると周りの遺伝子は敵が来たと錯覚して自らを守るために思わぬ有毒な化学物質を作り上げたり、これまでは考えられない想像を絶するような影響が生じてくる恐れがあること。

例えば中国でゲノム編集によって双子の赤ちゃんが生まれたことは有名な話である。当初の狙いは父親がエイズの感染患者であったのでエイズウイルスが侵入する細胞表面のタンパク質をつくる遺伝子を壊せば生まれてくる赤ちゃんがエイズになることはないとしてその遺伝子を壊したのだ。結果として双子の赤ちゃんが生まれて世界を驚かせた。その後、調べているうちに確かにエイズウイルスにはかかりにくいが、西ナイルウイルスやインフルエンザウイルスなどに感染しやすい。免疫力が普通の人よりも劣っているので長生きできないのではないかといったことが次第にわかってきている。最近、ネズミの一つの遺伝子を壊しただけで１６００の副作用が出てきたことはＮａｔｕｒｅ誌の論文にも掲載されている。

カリフォルニア大学のチャペラ教授はゲノム編集についてどのようには副作用が出てくるかは事前に十分な時間と費用をかけて調べればすべて必ずわかる。しかし企業としては時間と費用をかけていては採算が取れないので実用化商品化を急いでいるのが現状であると語る。

ゲノム編集は神秘的な生命体の遺伝子を人間が科学の力でどのようにでも操作でき、あらゆる機能を持たせた新しい生物を次々に作り出すことができるようになり、これまでの自然の生態系を壊すことになる。考えようによっては恐ろしいことである。

医療の現場ではすでに倫理的な規制がなされているようであるが、私たちの食料である農産物の分野では全く野放しの状態にある。クリスパー・キャス９の技術を開発した

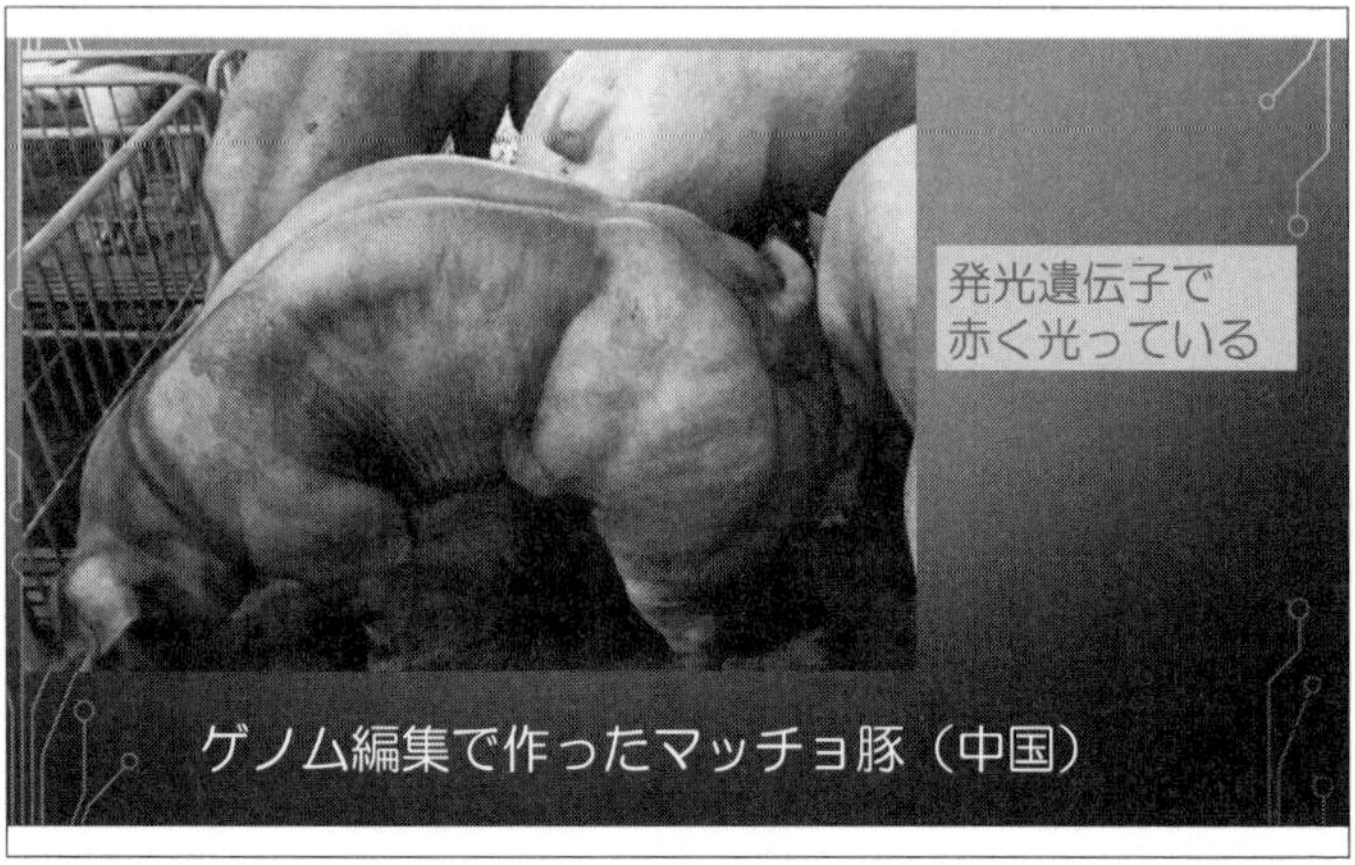
発光遺伝子で
赤く光っている
ゲノム編集で作ったマッチョ豚（中国）

カリフォルニア大学のダウドナ教授も「ゲノム編集の技術は生物兵器にも使われる恐れがあり、核兵器と同様に何らかの規制が必要である」と警告を発している。

チャペラ教授も私が辞するときに長崎から持ってきた平和の鐘のミニチュアをお渡ししたら、突然深々と頭を下げて「日本に申し訳ないことをした。長崎と広島に落とした原子爆弾はこのバークレー校で作ったものです。ゲノム編集は核兵器と全く同じようなことを人類に与えることになるでしょう」と語ったことを私は忘れられない。

◉ゲノム編集作物はほんとうに安全だろうか

疑問その1　日本の厚労省消費者庁はゲノム編集作物には他の生物の遺伝子は入らないので安全であると説明する。しかしこれは間違いである。名古屋大学で長い間遺伝子組み換え食品について研究をしてきた生物分子学者の河田昌東さんは「クリスパー・キャス9の技術で目標の細胞を壊すためには、そこに導くためのマーカー遺伝子が必要となる。そのためには他の生物による遺伝子を使わざるを得ない。今日本で開発されているトマトとかジャガイモなどいろんな種類のゲノム編集作物には私の知ってる限りでは、ほとんどのものでこのようなマーカー遺伝子は残っている」と語る。このように他の生物遺伝子が少しでも残るとそれがどのような作用をするかはわからない。よく言われてるようなアレルギーやアトピー症の原因になるのかもしれない。河田さんの話では日本のゲノム編集学会の会長である広島大学の山本卓教授も「このようなマーカー遺伝子が残っているものは必ず除去しなければ食品としては安全とは言えない」とはっきりと語っているという。もし、これを完全に取り除くとすれば理論的には戻し交配を重ねることが可能であるが、これは長い間選抜と交配を繰り返してきた品種改良技術と変わらないことになるので現実には考えにくい。こう考えれば厚労省が述べているように他の生物の遺伝子が入り込むことはないのでタンパク質に変わりはなく安全であるとの説明は成り立たなくなる。

疑問その２　厚労省と消費者庁はゲノム編集作物は自然界の突然変異と区別ができないので表示は不可能だ、だから表示は必要がないと説明する。しかしこれも私は事実とは異なると考える。河田さんは「ゲノム編集作物にはマーカー遺伝子が残されているので、自然界の突然変異のものでないことはすぐにわかる。仮にマーカー遺伝子が除去されていたとしても自然界の突然変異はただ一個の細胞が変わるだけだが、ゲノム編集によって人工的に遺伝子を壊す場合は必ず並列していくつかの周囲の遺伝子も壊れてしまうのでゲノム編集作物の遺伝子組み換えの配列を調べれば自然界の突然変異かそうでないかは必ず判別がつく」と主張する。

疑問その３　さらに厚労省、消費者庁はゲノム編集作物については遺伝子組み換え作物とは異なるので食品安全委員会による安全審査手続きも必要はないと説明する。現在遺伝子組み換え食品については消費者庁安全審査委員会によって慎重な手続きがなされている。ゲノム編集作物が遺伝子組み換え作物と異なるとするのは他の生物の遺伝子が入

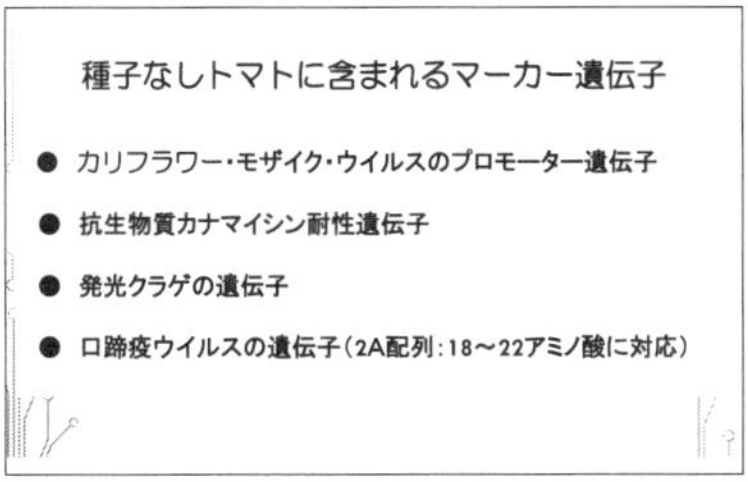
種子なしトマトに含まれるマーカー遺伝子
● カリフラワー・モザイク・ウイルスのプロモーター遺伝子
● 抗生物質カナマイシン耐性遺伝子
● 発光クラゲの遺伝子
● 口蹄疫ウイルスの遺伝子（2A配列：18～22アミノ酸に対応）

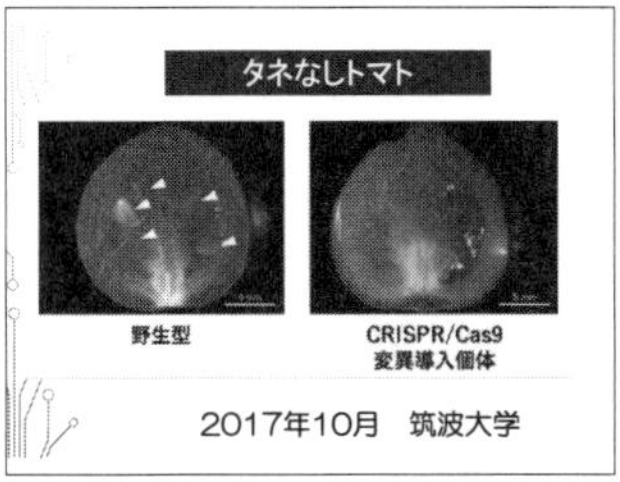
タネなしトマト
野生型
CRISPR/Cas9
変異導入個体
2017年10月　筑波大学

ることはなくタンパク質に変わりはないと説明するのみでそれ以上の納得できる説明はない。このことは①で説明したとおりであるが、私はカリフォルニア大学のチャペラ教授に「遺伝子組み換え作物とゲノム編集作物は違うのですか」と質問した。教授は「ゲノム編集作物は遺伝子組み換え作物の延長上のものであって私たち研究者はＮｅｗＧＭＯと呼んでいます。遺伝子組み換え作物そのものです」と答えた。こうして考えれば厚労省、消費者庁が食品安全委員会による安全審査の手続きは必要ないとするのは納得がいかない。

◉ゲノム編集作物にはカナマイシンなどの抗生物質が含まれていることが明らかになった

しかも、ゲノム編集作物について新たな危険性が指摘されるに至っている。河田昌東さんは現在開発中のＧＡＢＡトマトなど15種類の遺伝子組み換え作物について2枚の表を私に手渡して説明を始めた。

次ページの表をよく見ていただきたい。河田さんが調べただけでも多収穫の稲、ソラニンのないジャガイモ、シャインマスカット、トマト、豚肉など13種類の新しい品種がすでに開発されていることがわかる。いずれにもマーカー遺伝子のところにカナマイシン、ハイグロマイシン等の私たちにもなじみのある抗生物質名が記載されている。マーカー遺伝子については先に説明したが現在のゲノム編集作物には必ず必要とされているものである。

なぜゲノム編集作物のマーカー遺伝子に抗生物質が使われるのであろうか。「クリスパー・キャス9の技術で目標の遺伝子までハサミを持って行くとすればその遺伝子が確かにこわれたことを確認する必要がある。そのためにマーカー遺伝子が必要となる。まだまだ効率が悪くて、高濃度のペニシリンとかストレプトマイシンを入れた培養液にたくさんの細胞を入れて培養すればゲノム編集に失敗した細胞は死滅し、成功した細胞だけが残るので、それをマーカー遺伝子として使っているから抗生耐性遺伝子が含まれるのです」と河田さんは説明する。

シャインマスカット（農研機構）

香り、肉質良子、日持ち良好、栽培容易

● マーカー遺伝子：ネオマイシン耐性

その他

● ソラーニンを作らないジャガイモ（キリン株式会社）：
カナマイシン耐性遺伝子、
カルペニシン耐性遺伝子

● 多収穫米（農研機構）　：　ハイグロマイシン耐性遺伝子
カナマイシン耐性遺伝子

抗生物質といえば今回の新型コロナの感染で肺炎で入院した私の知人からも現在抗生物質を使っていますと連絡が入った。私たちは怪我をしても風邪を引いても病院に行けば抗生物質を飲んだり、塗ったりして治療している。ところが最近新聞テレビで抗生物質を使っても効かなくなった症例が報道されることがあり、気にはなっていた。このことについて河田さんから抗生物質感染症の話を聞いて改めてその恐ろしさを実感したところである。

米国のCDC（疾病予防管理センター）はアメリカではすでに年間29種類の抗生物質耐性菌に280万人が感染している。抗生物質耐性菌感染症になると病気になって抗生物質

ゲノム編集に使われているマーカー遺伝子（2019年10月14日　河田昌東）

No.	品種名	使われたベクター名	ゲノム編集酵素	マーカー遺伝子	ベクター内のマーカー以外のDNA	開発者
1	多収穫米	pZH_OsCa9 pZK_sgCDKB2	Cas9	ハイグロマイシン耐性 カナマイシン耐性	CaMVプロモーター	農研機構
2	ソラーニンフリー・ポテト	pKT227･pKT251		カナマイシン耐性 カルペニシン耐性	CaMVプロモーター	㈱キリン 理化学研究所
3	種なしトマト（受粉なしで結果）	pEgP237-2A-GFP	Cas9	カナマイシン耐性 GFP（発光クラゲ）	CaMVプロモーター シロイヌナズナのプロモーター 口蹄疫病由来の自己切断ペプチド遺伝子（2A）	徳島大学 筑波大学
4	シャイン・マスカット	pZK_gPDS-t2_Cas9 pZK_gPDS-t3_Cas9	Cas9	カナマイシン耐性 ネオマイシン耐性	CaMVプロモーター AtU6（シロイヌナズナのプロモーター）	農研機構
5	GABAトマト	pZD_AtU6_Hpger_Cas9_NPTII pDeCas9_Kan	Cas9	ネオマイシン耐性 カナマイシン耐性 ハイグロマイシン耐性	AtU6（シロイヌナズナのプロモーター） OsU3,U6（コメのプロモーター遺伝子）	筑波大学 農研機構
6	アレルギーフリー鶏卵	pX330 pCAG-EGxxFP	Cas9	ネオマイシン耐性 ピューロマイシン耐性 ゼオシン耐性	CAGプロモーター（サイトメガロウイルス、鶏、ウサギの遺伝子から合成）	酸総研 農研機構
7	ソラーニンフリー・ポテト	pKT271 pKT251	TALEN	カナマイシン耐性	CaMVプロモーター	㈱キリン 理研
8	光る菊の花	(1)pBCKH-35S:AtADH_5'UTR:CpYGFP:HSP-TY878 (2)pDeCas9_Kan-CpYGFP	Cas9	カナマイシン耐性 CpYGFP （発光細菌の遺伝子）	CaMVプロモーター NOSプロモーター（土壌細菌由来）	農研機構
9	高オレイン酸大豆	TALEN monomer expression vector	TALEN	アンピシリン耐性	SV40 NLS	Calyxt（米国）
10	マッスル豚	ベクターの名前?	TALEN	ハイグロマイシン耐性 GFP（発光クラゲ） REP（蛍光バクテリア）	CaMVプロモーター	中国
11	変色しないキノコ	P390-blpR-cmcas9-gfp	Cas9	カナマイシン耐性 GFP（発光クラゲ）	カビ（Ustelago maydis）のプロモーターPgpd	アメリカ
12	アレルギーフリー大豆	pUC19_GmU-6oligo	Cas9	Bar（除草剤グリフォサート）耐性	CaMVプロモーター パセリのユビキチン遺伝子のプロモーター	北海道大学
13	穂発芽の少ない小麦	pZH_OsU6gRNA_PubiMMCas9-TaQsd1_t1/t2	Cas9	ハイグロマイシン耐性	CaMVプロモーター	農研機構 岡山大学 （T2株で外来遺伝子削除確認）

を投与しても効かずに死亡してしまうことがあるそうで、米国では3万5000人が1年間で死亡していると発表している。この6年間で抗生物質耐性菌感染者が100万人急増して死者も1万人増えているとのことで、全世界に急速に感染症が拡大している。ようやく日本でも2019年12月に日本の国立国際医療研究所が2種類だけの抗生物質について調べたところ、すでに抗生物質耐性菌感染症によって1年間で8000人が亡くなっていることを発表した。

世界で最も薬が好きで抗生物質を多用している日本人について28種類の全ての抗生物質でどれだけの人が抗生物質が効かなくなって死んでいるかを調べればかなりの数にのぼるはずである。私自身も10年ほど前、重い肺炎になって大学病院に入院して2週間38度の熱が下がらなかったことがある。その時に担当の医師達がどの抗生物質を使っても効かないがどうしてだろうと話し合っているのを聞いて、すごく不安だったことがある。

最近、英国政府の依頼を受けた民間の調査団体が抗生物質耐性菌による感染症によって2050年には全世界で1000万人が死亡することになるだろうと発表している。怖い話である。考えようによっては、抗生物質耐性菌による感染症はコロナどころではなく、これからの私たちにとってたいへんな課題になるのではないだろうか。

なぜ世界でこのような抗生物質耐性菌による感染症が急増しているのだろうか。

私はひとえに畜産と魚の養殖で飼料の中に大量の抗生物質が使われていて、それらの卵、牛乳、肉類を食べていることも大きな原因ではないかと考える。牛豚鶏などの家畜が飼料に混ぜられた抗生物質を毎日食べているうちに抗生物質に耐性を持つ遺伝子ができるようになる。それらの肉、卵、牛乳を私たちが食べることによって私たちの腸内細菌の中で遺伝子の水平伝達が起きていて感染症が急増しているのではないだろうか。

私は若い頃、五島列島で牧場を開いて牛を400頭、豚だけで年間8000頭出荷していたことがあった。大型畜産は家畜の病気との闘いで、その予防のために当時から飼料の中にふんだんに抗生物質が混ぜてあった。当時私はレイチェル・カーソンの『沈黙の春』、有吉佐和子の『複合汚染』を読んで、それからは飼料も自家配合に切り替えて抗生物質を使わないようにがんばったことがあった。

こう考えるとゲノム編集作物には236ページの表にあるように、カナマイシンなどの抗生物質耐性遺伝子そのものが含まれているので、私たちがそれを直接食べることによって腸内細菌がそれを取り込み、私たち自身が抗生物質耐性菌による感染症を発症してしまう危険性がさらに増大されることになる。

ゲノム編集のギャバトマト「シシリアンルージュハイギャバ」について、厚生労働省は２０２０年12月に届け出を承認した。いよいよこれから家庭菜園向けにギャバトマトの苗、液肥と粉剤を無償で提供すると宣伝している。厚労省はギャバトマトについて他の生物の遺伝子であるマーカー遺伝子の除去についてどのようになされているのか、何ら説明もせず明らかにしない。

２０１９年にＮＨＫが特集でゲノム編集を取り上げたことがある。その番組に米国ではゲノム編集によって作られた高オレイン酸大豆による食用油がなんとＮｏｎ－ＧＭＯ食品として店頭で販売されていた。

日本でも２０１９年11月30日農水省はゲノム編集作物について有機認証できないかどうか検討会を正式に開いたことがある。その頃からゲノム編集による菜種と大豆が日本に輸入されていると噂で聞いたことがあった。もしかしたらすでに日本でもゲノム編集による菜種、大豆などでできた食用油はＮｏｎ－ＧＭＯの表示の下に日本でも販売されているのかもしれない。そうあってもおかしくない。届け出もいらず表示も必要ないので私たちは調べようがないのである。

第7章

種苗法改定で、私たちはどうしたらいいか

◉種子法が廃止されたことも国民は知らされていなかった

新聞、テレビはこのような日本の農業にとって戦後最大の重大な局面にあることを全く報道しない。今でも国民の多くは種子法が廃止されたことも知らない。いや知らされていない。

もともと、当事者でもある各都道府県から委託を受けてコメ、麦、大豆の種子を生産してきた種子栽培農家もほとんどの人が種子法が廃止されたことも、それがどのようになるかは知らされていなかった。

農業協同組合ＪＡは全国に６５２あるがその組合長、理事もほとんどが同様な状況におかれている。あるＪＡの組合長さんは、私の説明に「自民党がそんな馬鹿なことをするはずがない」とひと言で切り捨てた。

各都道府県、市町村の農林水産の行政担当者も種子法廃止について内容はわかっていない。むしろ、知ろうとしないのかもしれない。ある県では市議会議員が市の農政の担当者に種子法廃止について質問したいと相談したところ、「県の農政部の副部長に聞いたら、種子法が廃止されても、これまで通り何も変わらないので心配はないと話している。質問されても市長の答弁もそうならざるを得ないので、わざわざ、そのようなことを議会で質問するまでもないのでは」と言われたそうだ。

私自身も種子法廃止法案が突然国会に提出された2017年2月まで、正直これほど重要なことだとは思ってもいなかった。種子法の条文を調べて驚いた。これはまさしくTPP協定第17章「国有企業及び指定独占企業」の章に書き込まれている内容そのもので、すぐにでも多くの国民に知らせないとたいへんなことになる。

私たちは種子法の大切さを皆に知ってもらうために国会の審議が始まる前に急遽学習会を開くことにした。

2017年3月27日と4月10日の2回にわたり「種子法廃止法案」についての勉強会を催した。両会とも北海道から鹿児島まで全国各地から続々と参加者が集まって会場はあふれんばかりの大集会になった。

こうして次第に、食の安全に敏感な消費者団体、生協関係者、農業関係者、JAの間でも種子法が廃止されることが広がった。ことに各地で有機農業に取り組んでいる農業者、生産組合から熱心な問い合わせが来るようになった。

その後4月14日に法案成立。5月29日に東京新宿のパルシステム生活協同組合連合会の2階会議室に、有機農業関係者、ＪＡの組合長、生協の理事長など関係者40人ほどが集まり種子法廃止について緊急の意見交換会が催された。

その場で「日本の種子（たね）を守る会」を設立して、種子法廃止に関しての対応策を講じることで一致した。

その夜懇親会も開かれたが、農協と生協の両協同組合のトップたちが真剣に、これからの協同組合のあり方について語りあったことは初めてで記念すべきことだったと思える。

茨城、岩手、佐賀などのＪＡの組合長だけで9人、パルシステム、生活クラブなどの生協の理事長7人、有機農業研究会の会長らを発起人として、一般市民にも広く呼びかけて、設立総会を早急に開くことになった。

7月4日「日本の種子（たね）を守る会」の設立総会は参議院議員会館の大講堂で開かれた。大盛会だった。設立趣意書、会則についても会場から意見が続出、できるだけ意見に沿って訂正しながら、出席者400人ほどの総意で「日本の種子（たね）を守る会」は設立された。

会長には八木岡努水戸ＪＡ会長、副会長にはＪＡしまね前相談役の萬代宣雄氏、生活クラブ連合会の加藤好一会長、幹事長には山本伸司パルシステム前理事長、事務総長には全中（ＪＡの連合体）の元常務の福間莞爾氏が就任した。

こうして、「日本の種子（たね）を守る会」は、「タネが危ない」と題したリーフレットを10万部印刷して、その配布から動き始めた。この半年間で、心ある市民たちの間で、5部、10部と注文が来て10万部のリーフレットは日本中の人々の手に渡り、ほどなく増刷をした。

そして、「日本の種子（たね）を守る会」として、公共の種子を守る法律を議員立法で作る請願の署名活動を始めた。最終的には20万人の署名が集まり、当時の野党各党、与党の自民党にも請願を受理してもらった。

地方も動き出した。タネは地方の問題だとして、さらに広く種子法廃止の事実を一人でも多くの人に知ってもらうため「日本の種子（たね）を守る会」の支部を作ろうと茨城県、熊本県の他、長野県、神奈川県などそれぞれに集会が始まった。それだけではなく、これまで日本各地で有機栽培で固定種の伝統野菜を守ってきた人たち、タネの交換会を長い間続けてきた人たちも動き出した。

◉各市町村議会から種子条例を求める声が続出

一方、政府も農水省の次官通知で運用規則も廃止して以来、次々にそのための施策を打ち始めている。「日本の種子（たね）を守る会」の学習会に参加した滋賀県のＪＡの組合長が「今年から県の奨励種子の認証制度を廃止すると県から通知が来たが、これまでは県の安心できる推奨品目である公共の種子として厳しい審査がなされていたので農家は安心していたのに、ＪＡとしてもどうしたらいいものか困っている」といった不安の声が出された。いよいよコメの検査制度もなくなるようだ。

このような時、各地から朗報が入った。千葉県の野田市から議員全員が一致して種子法に代わる公共の種子を求める意見書が内閣総理大臣、衆議院、参議院の両議長宛に提出された。続いて神奈川県の大和市議会、山形市議会、高知県南国市議会など、各市町村議会から続々と意見書が出された。

また、長野県の県議会が動き出した。２０１８年3月2日全議員一致で長野県では種子法によってなされてきた原種、原原種などの公共の種子の増殖などの事業を後退させないことの請願を全員一致で決議した。続いて愛知県議会も全員一致で可決。このよう

県、種子条例案提出へ

稲、麦、大豆 開発や供給を継続

2月県会

コメ、麦、大豆の3主要農作物について、国や都道府県の主導で種子を開発、供給することを定めた「主要農作物種子法（種子法）」が4月に廃止されることを踏まえ、県は19日開会の県議会2月定例会に、県が種子の開発、供給を続けることを定める条例案を提出する。法の廃止で、種子の供給への影響を不安視する農家の声に応えた。

種子法は戦後の食糧増産のため1952年に制定され、国や都道府県が稲、麦、大豆の種子の開発、供給を主導すると定めた。県は特にコメで「コシヒカリBL」「新之助」など多くの品種を開発してきた。ただ、国は民間企業が参入しにくいとして、昨年の通常国会で法の廃止を決めた。

廃止に対し、本県の農家からは「安価で優良な種子の開発、供給に影響が出る」との懸念が出ていた。このため県は、県の研究施設で種子の原種を生産し、生産団体に供給することなど、これまでと同様の役割を県が担う方針を決め、「県主要農作物種子条例」案を作成した。2月県会で可決されれば、4月1日から施行する。

県農産園芸課の牛腸真吾課長は「コメの主産県とし

新潟日報2018年2月17日

に地方から種子法廃止に対する公共の種子を守る意見書が続々と出されてきている。

意見書の中には民間企業に種子開発が独占され、農家は特許料の支払いを強いられかねないとして「地球の共有財産である種子を民間に委ねることのないよう対策を講じること」（秋田県男鹿市議会）とか「種子法に代わる新しい立法を検討してほしい」（新潟県柏崎市）といった意見も出されている。

私たち「日本の種子（タネ）を守る会」は手分けして北海道やコメどころの新潟、山形県など各地を回った。ツテを頼って10人、20人と集まってもらいながら種子法についての説明会を開いた。「種子法が廃止されたので農家はこれまでのように県が審査して保証している優良なコシヒカリなどの種子がなくなって民間の三井化学のみつひかりなどF1の種子、価格だけでも10倍はするものを毎年購入しなければならなくなる」ことを説明した。これまでのように各県で優良で安価にコメ、麦、大豆の種子を生産して農家に提供してもらえるような種子法に代わる種子条例の制定を持ち掛けた。

それに2017年11月15日に各都道府県に出された農水省次官通知を見てもらうと集まった人たちの目の色が変わってきた。私は「あなた一人でもいいから、明日にでも知りあいの議員さんを通じて議会事務局や県に対して種子法に代わる種子条例を制定してほしい旨の意見書を出してほしいと申請をしたらいかがだろうか。そうなればあなたの町の議会では必ずあなたの申請を審議して採決をしなければならなくなる」と説明してきた。

こうして新潟県で柏崎市が最初に県に種子条例を制定してほしいとの意見書を出した。次々に各市町村から意見書が出されて、当時の米山隆一知事も動き出した。そして2018年2月4日新潟県では種子法に代わる種子条例が県議会の全議員一致で可決成立した。

前後して兵庫県が動き出した。酒米の山田錦が心配だったと思われるが、兵庫県の場合は県が主導して種子条例を成立させた。それに埼玉県が続いた。埼玉県は自民党の議員さん二人が（そのうちの一人はコメ作りの農家）県の農業試験場に視察に行って事情をつぶさに聞いた上で、自民党議員が中心となって種子条例の制定を提案して成立させた。山形県にも何回か足を運んだが、厳しい状況が続いていたものの集会を重ねていくうちに、県議会議員が動き出しついに与党野党一緒になって種子条例を制定させるに至った。

日本でも有数の種子の栽培どころ富山、福井県もさすがに種子条例を制定、続いて九州からは宮崎県がいち早く条例を制定させた。そのころには各地に「タネを守る会」が次々にできて皆で情報交換しながら共有できるようになった。

こうして北海道、長野県と種子条例が廃止されてから、なんと2年間の間に22の道県で種子条例が制定されたのである。さらに岩手、滋賀、島根県が知事、議会も制定を明らかにしているので、近く多くの道県で成立することは確実であり、準備中の県も含めると32の道県で種子法に代わる種子条例が成立する見込みである。

そして、ついに地方の住民の動きは中央政治まで動かすことになる。

２０１８年4月19日、立憲民主党、国民民主党、共産党、社民党など野党6党は廃止された主要農産物種子法を復活させる法案を衆議院に提出した。これまではありえなかったことだが、なんと野党提案の種子法廃止撤回法案に、同法案を強行採決した与党自民党、公明党が審議を受理したのだ。

現在、衆議院農水委員会で審議が継続されている。私も20年間衆議院議員を経験したが、このように与党の自民党が強行採決した法律の廃止撤回法案の審議に応じるということは、これまでは考えられもしなかった異例中の異例である。

農水省の立場も変わった。

始めのころは各都道府県に対して条例を制定することは国の方針に反することになると厳しい姿勢をとっていたものが、２０１９年12月には農水省も各都道府県で種子条例が成立させせされることは歓迎であると述べるに至っている。

地方が変われば日本の政治も変わる。住民、市民が本気で動き出せば政治が変わる。このことはまさに輝かしい住民運動の勝利であり、かつ住民自治の輝かしい１ページでもある。

言い換えれば私たちは中央政治の言いなりになることはない、私たちの思いで地方から政治を変えることができるのだということの証である。

野党が種子法復活法案
異例の単独審議へ
衆院委

野党提出の主要農作物種子法を復活させる法案が7日にも、衆院農林水産委員会で審議される。野党提出法案を単独で審議するのは異例だ。衆院では、政府が今国会に提出する全9本の農林水産関連法案の審議にめどが付いたことから、与党が野党に配慮を見せた格好だ。

種子法は、都道府県に稲、麦、大豆の種子の生産・普及を義務付けるもので1952年に制定。政府は同法が「民間の種子開発意欲を阻害している」として、昨年の通常国会に同法を廃止する法案を提出、成立した。今年4月1日に廃止となった。

野党提出の復活法案は、廃止された種子法をほぼそのまま復活させる内容だ。昨年の通常国会で成立した農業競争力強化支援法は、国の研究機関や都道府県が持つ種苗生産に関する知見の民間提供を求めているが、復活法案は、知見の国外流出を招きかねないとして削除も求めている。

種子法廃止を巡っては、地方議会から懸念を訴える意見書が相次ぎ、種子法に代わる立法を求める声もある。独自に種子法に代わる条例を定める県もある。与党農林幹部らも「(種子法を廃止すべきかどうかの)議論が不十分だった」と悔やむ。

国会審議では、種子法廃止の影響や自治体の懸念への対応、種子供給への公的関与や民間参入の在り方が論点となる。農水省は種子法廃止法案の成立を受けて昨秋、都道府県に民間への知見提供を求める事務次官通知を発出したが、この通知内容の是非も議論になりそうだ。種子の安定供給に向け、与野党を超えた真摯（しんし）な議論が求められる。

日本農業新聞　2018年6月3日

◉種苗法改定はどのようにしてなされたか

恐れていた登録品種の自家増殖（採種）一律禁止の種苗法改定案がいよいよ2020年の通常国会で閣法として上程された。予測していたとはいえ、私たち「日本の種子（たね）を守る会」も動き出した。同会の八木岡努会長（現ＪＡ茨城中央会会長）、副会長の萬代宣雄副会長（ＪＡしまね顧問）同じく野々山理恵子氏（パルシステム東京前理事長）が自民党幹部を次々に回って「種苗法改定は急いではならない、十分な審議をすべきである。ことに自家採種を禁止することは農家にかなりの影響を与えることになる」と訴えた。

私も当時の立憲民主党、国民民主党、共産

種子条例制定状況（2020年11月現在）

種子条例制定済み道県22件

北海道、山形県、新潟県、宮城県、富山県、石川県、福井県、千葉県、埼玉県、茨城県、栃木県、群馬県、長野県、岐阜県、愛知県、三重県、兵庫県、鳥取県、広島県、宮崎県、熊本県、鹿児島県

制定済み	22道県
知事が表明	1県
制定準備中	3県
市民団体・個人が働きかけ中	6県

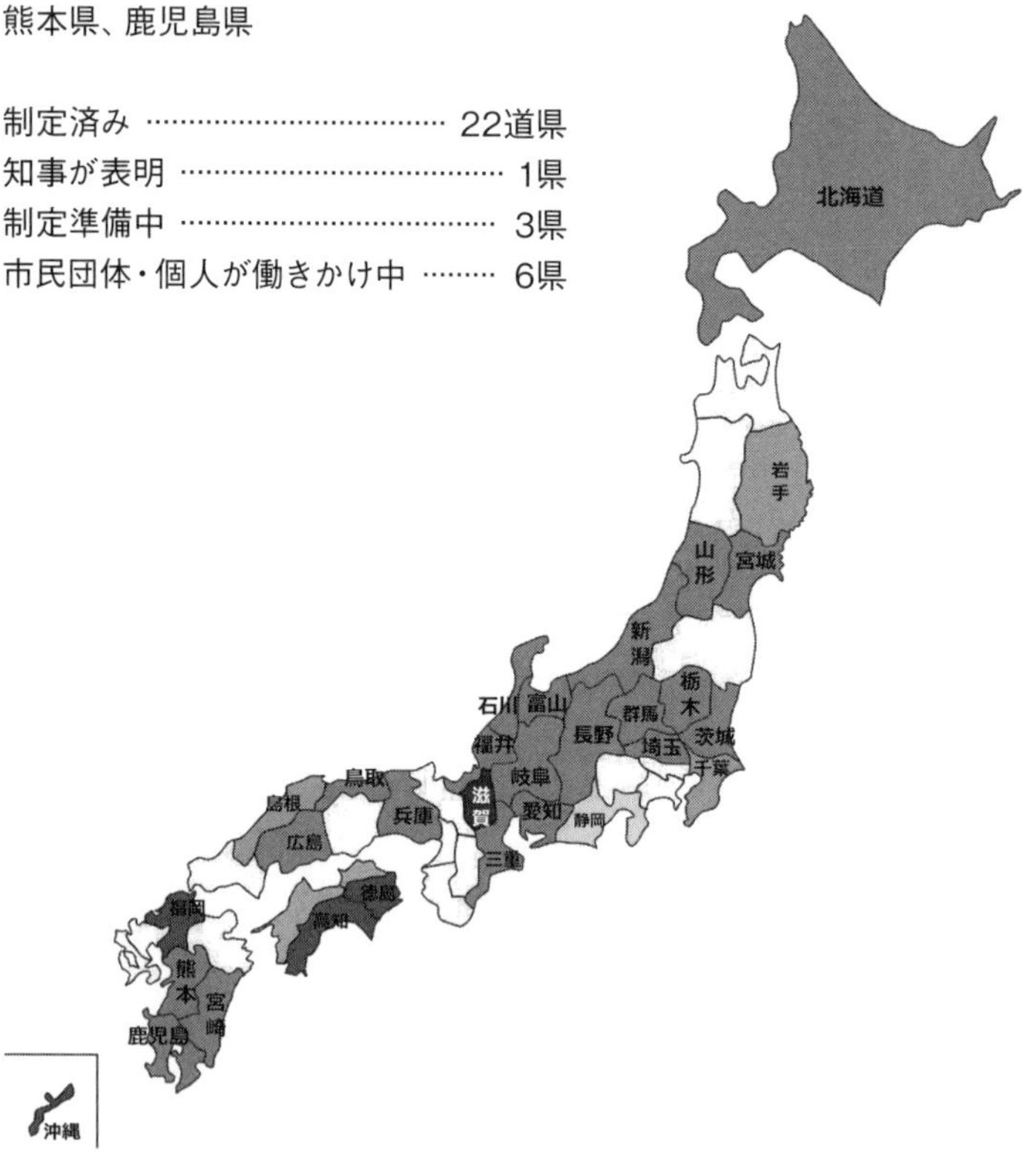

日本のタネを守る会提供

2020インターネット活用セミナー
〜成功事例から学ぶウェブとSNSの活用〜
令和2年2月27日㊍、28日㊎　東京・大手町ラーニングルームにて
・UX（顧客体験）重視・LINEの活用方法
・実際にスマホで写真撮影、編集に挑戦
・JAグループ、大手メーカーの事例発表
詳しくは　アナザー・スタッフ　検索

THE JAPAN AGRICULTURAL NEWS
日本農業新聞
発行所　日本農業新聞
〒102-8409 東京都千代田区一番町23番地3
www.agrinews.co.jp
2020年（令和2年）
2　4
火曜日

種子法廃止受け――

23道県 条例化・準備

11道県実施　ルール整備加速

本紙調査

主要農作物種子法（種子法）＝Ⓚ＝の廃止を受けた各都道府県の対応を日本農業新聞が聞き取り調査した結果、同法に代わる独自の条例を制定・施行しているのは11道県に上ったことが分かった。4月に条例を施行する自治体は4県に上る。今後の制定に向けて準備を進めていたり、県議会で提案の動きがあったりするのは8県だった。合計で半数近い23道県が条例化や、準備を進めており、各県独自に種子を守るためのルール整備の動きが広まっていることが明らかになった。

▼16面に関連記事

昨年も同時期に同様の調査をした。前回調査で条例を施行していたのは、山形、埼玉、新潟、富山、兵庫。前回調査以降、新たに条例を制定・施行した道県は、北海道、福井、岐阜、鳥取、熊本、宮崎の6道県。北海道、宮崎は、主要農作物（稲・大麦・小麦・大豆）の他、ソバや在来品種、知事が定める作物などを対象に盛り込んだ。

今年4月に施行する県は、宮城、茨城、栃木、長野の4県。茨城、栃木、長野も園芸作物やソバなどを対象にする予定だ。

制定に向けた動きがあるのは、岩手、群馬、石川、愛知、三重、滋賀、広島、鹿児島の8県。群馬、石川は、種子の生産や供給に関する独自の条例の骨子案を示し、パブリックコメントを行っている。

滋賀は、国の種子法の踏襲ではなく「農業振興に関する新たな条例を策定し、主要農作物の種子の安定生産と供給を含めた種子対策を条文の一つに盛り込む」（農業経営課）としている。岩手、三重、鹿児島は議会提案を予定。時期は決まっていないが、条例提案の動きがあるのが愛知と広島だ。

政府は、米、麦、大豆の種子の生産と普及を都道府県に義務付けていた種子法を2018年4月1日で廃止した。公的機関中心の種子開発から民間参入を促す狙いだったが、行政の取り組みの後退や将来的な種子の高騰、外資系企業の独占などを懸念する声が続出したため、農業県が先行して条例化。他の自治体も追随する形になっている。

多くの自治体が、要領・要綱など内規で従来通りの体制を維持するものの、農家や消費者の不安の声を受けて対応した格好だ。

条例化の予定がない県の担当者も「農業団体や協会などから要望があれば条例制定も検討する」としており、今後も条例化の動きは広がる見通しだ。

Ⓚ主要農作物種子法　1952年に制定、2018年4月に廃止された。都道府県に米、麦、大豆の優良な品種を選定して生産、普及することを義務付けていた。農水省は、都道府県が自ら開発した品種を優先的に「奨励品種」に指定して公費で普及させており、種子開発への民間参入を阻害しているなどとして、17年の通常国会に同法の廃止法案を提出。自民党などの賛成多数で可決、成立した。

きょうの1枚

静岡県のJA伊豆太陽は、市場に出荷できないカーネーションを葬儀での納棺用に利用する「納棺花」として販売している。▼9面

読者相談室　☎03(6281)5813
dokusya-s@agrinews.co.jp
（10時〜18時、土日祝日除く）
購読のお申し込み　(0120)101630
（9時30分〜17時30分、土日祝日除く）
お近くのJAでもお申し込みできます

天気　■北日本から東日本の日本海側は広く雪。ふぶく所も。太平洋側や西日本は大体晴れ。沖縄は曇り〜雨。

のち／　時々┌　予想気温 上段：最高 下段：最低

札幌	3 / 5	金沢	9 / 3	岡山	11 / 1
青森	1 / 2	福井	9 / 3	広島	11 / 2
盛岡	3 / 3	甲府	12 / 1	下関	12 / 4
仙台	7 / 1	長野	7 / 0	徳島	11 / 3
秋田	2 / 1	岐阜	12 / 3	高松	11 / 1
山形	5 / 1	静岡	14 / 3	松山	12 / 1
福島	7 / 2	名古屋	12 / 3	高知	13 / 2
水戸	11 / 0	津	12 / 4	福岡	13 / 4
宇都宮	11 / 0	彦根	10 / 4	佐賀	13 / 2
前橋	12 / 2	京都	12 / 2	長崎	13 / 4
熊谷	12 / 2	大阪	12 / 4	熊本	13 / 1
銚子	11 / 6	神戸	11 / 4	大分	11 / 2
東京	12 / 4	奈良	12 / 1	宮崎	14 / 2
横浜	12 / 5	和歌山	11 / 3	鹿児島	16 / 5
新潟	7 / 2	鳥取	11 / 3	那覇	22 / 15
富山	9 / 3	松江	11 / 2		

週間予報8面

4日午前9時の天気図

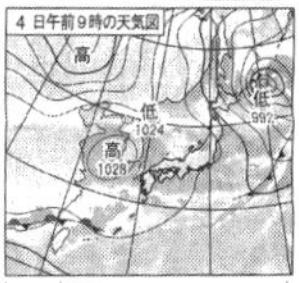

天気図の見方　雨雲（雨または雪が降っている所を表します）　雲　海　陸地

党、社民党などの野党の国会議員のところを回った。政府自民党は何としてもこの法案を通したいと強い意向でこのまま与党の賛成多数で通されてしまうのではないかと心配した。

ところが女優の柴咲コウさんが「こういうコロナ禍の中で種苗法改定案のような重要な法案を十分な審議なしに通していいのか」とＳＮＳで訴えたことが大変な反響を呼んだ。折しも検察官の定年延長を可能にする法律改定案の審議もなされていて、またマスコミにもこの問題を大きく取り上げられて政府は法案の審議を断念した。いよいよ衆議院農林水産委員会で明日にでも審議が始まろうとしている直前、このままではすぐに採決されて改定案が成立してしまうと案じている中に八木岡会長から「政府与党は種苗法改定案の審議を見送ることを決めた」と朗報が入った。

私たちは小躍りして喜んだ。その日の朝日新聞朝刊には「政府は種苗法改定の成立に意欲」と記載されていたことからも突然の先送りに皆が驚いた。当時の自民党の国対委員長の森山裕氏は「国会での審議時間が残り少なく与野党を十分に説得できる時間がないので先延ばしする」と説明した。

しかし、この決定の裏にはさまざまな事情があったと言われている。これまで報道もされずに衆参両議院でわずか11時間の審議だけで強行採決した種子法廃止に対する国民の国会に対する不信があった。それだけではなく住民による地道な地方での種苗法改定に反対する運動が少しずつ表に出てきた。三重県県議会や札幌市議会など少なくとも20を超える自治体から十分な時間をかけて慎重な審議をしてほしい、法案の審議を取り下げてほしいと言った意見書が国会に対して次々に出されていたのである。

それに検察官の定年延長法案が世論の反対もあって審議見送りになった経緯も追い風になった。こうして私たちは、一旦法案の審議が見送られたことでひとまずほっとした。

私は当然のことながら、これほどの重要法案だから秋の臨時国会のわずかな期間に審議されることはないだろう。次の2021年の通常国会に出されたとしても十分な審議例えば地方公聴会で農民の意見を聞くなどするはずだと思い込んでいた。その間に安倍晋三首相が突然辞意を表明、自民党は新しい総理に菅義偉を選任した。私はこの新しい内閣に一抹の不安を感じた。

菅首相は安倍内閣当時官房長官としてTPPを強硬に進めた張本人だ。当時の農水省の次官候補二人がこのままメガ貿易協定を推し進められては日本の農業は大変な打撃を与えることになると菅官房長官に直接陳情に及んだ。ところが菅官房長官からひと言「君たちがやめればいいんじゃないか」と言われて二人の官僚はすぐに辞表を出したと聞いている。TPP反対運動を一緒に行ったJA中央会の会長だった萬歳《ばんざい》さんに引導を渡してTPP反対運動を止めさせたのも菅官房長官である。

それに通常国会後の農水省の動きもこれまでになく異常だった。JAなどに積極的に虚偽の事実まで述べて種苗法改定は何の心配もいらないと説明して回っている。その時の資料を川田龍平議員が求めても提出を拒否している。それどころか各県、例えば長野県では農水省の知財の課長、次席が出向いて県に農業者を集めさせて「種苗法改定は何の心配もいらない」と説明会を開いていた。国会議員、ことに野党議員のところを連日のように説明して回り、夜も会食を重ねるなど不穏な動きも情報が入っていたのでとても心配だった。

しかし私たちもただ黙って過ごしているわけではなかった。私は農業関係のドキュメンタリー映画では有名な原村政樹映画監督に頼んで「日本の種子（たね）を守る会」の協力も得て各地のイチゴ、サトウキビ、サツマイモ等の登録品種の自家増殖をしている現場の生の声、コメ、麦、大豆などを自家採種している農家、種苗法に賛成している林ブドウ研究所の林さんの話なども取材して「タネは誰のもの」の映画の製作を急いだ。

日本のタネを守る会の会長八木岡努さん、副会長萬代宣雄さん、元全中常務の福間莞爾さん、幹事長の山本伸司さんも自民党議員の幹部に積極的に法改定の問題点を説明して回った。

ところが私が恐れていたことは的中した。秋の臨時国会で自民党は種苗法改定案の審議を強行した。立憲民主党、国民民主党の議員からも種苗法改定案に賛成の立場の有力な農水議員が出てきたのだ。その頃には原村政樹監督の映画『タネは誰のもの』も完成して、そのビデオを持って私は野党の国会議員の事務所を連日のように一人一人訪ねては説明して回った。

衆議院農水委員会野党の理事であった亀井亜紀子議員が種苗法改定案の大幅な修正案を作成して、筆頭理事の矢上雅義議員と一緒に立憲民主党の農水部門会に諮り、篠原孝議員、森ゆうこ議員などの激しい反対もあって立憲民主党は、党として種苗法改定案に反対することを決定した。

与党自民党は審議を急いだ。衆議院ではわずか7時間の審議であったが、参考人質疑で印鑰智哉さんが丹念に調べあげて農水省のコメの登録品種を栽培する農家の割合がわずかであることの説明資料が間違いであることを明らかにした。傍聴席からは本来禁止されている拍手が一斉に沸き起こって衛視も止めることもできなかったという国会史上異例のハプニングもあった。最後に何とか付帯決議をつけて種苗法改定案は本会でも可決成立してしまった。この裏には「日本の種子（たね）を守る会」の八木岡さんたちの自民党議員への説得も功を奏したものと思われる。

参議院もわずか8時間の審議、種子法廃止の時が衆参両銀合わせて11時間足らずの審議であったが、今回の種苗法改定案の審議も併せて15時間足らずの審議で成立させた。これだけの日本の農業を根幹から揺るがすことになる自家増殖（採種）禁止という重要法案を地方公聴会を開いて農民の声も聞くこともなく拙速に可決してしまったことは、日本の憲政史上汚点を残す国会審議であったと思う。

ただマスコミは報道しなかったものの、私たち国民も種苗法改定の審議中は連日国会前で抗議の座り込みを続けて最後まで反対の声を上げ続けた。そして種子法廃止のときと同様に地方は動き始めた。わずか2カ月で6万人の署名が集まり、福井県、三重県などの県議会、枕崎市などの市町村議会からの全会一致もしくは多数決でおよそ300の自治体からの慎重な審議を求める意見、また審議を直ちに取りやめてほしい旨の意見書が国会政府に続々と届いたのである。中でも特筆すべきは北海道の179ある市町村のうち75の市町村から意見書が上がっていることだ。

◉地方条例を制定して権利を守る

種苗法は改定されたものの私たちにはまだまだ手だてがある。各都道府県で種子条例の時と同様に種苗条例を制定すればそれなりの対抗ができる。自治体が作る条例は地域に適用される法律そのものであって罰則も定めることができる。地方自治法上は国と各自治体は同格であるが、かといって国の法律で定めたものに、真っ向から反対の条例を作ることはできない。しかし法律で定めていない事柄に対しては法令に反しない限りどのようにでも条例を制定できる。かつ法律で定めていることに対しても、制限をすることは憲法及び地方自治法上で認められている合法なことでこれまでにも例がある。

私なりに次のような種苗法に代わる条例案を考えたい。参考にしていただければありがたい。

①　本書で述べているように農業競争力強化支援法８条４項では国及び各都道府県の優良な育種知見を民間に提供することになっている。しかも海外の事業者モンサントなど

にも提供すると政府は国会審議で答弁しているので、各都道府県に県税を投入して開発してきた優良な育種知見（知的財産権）をモンサントなどの多国籍企業から提供するように求められた場合、法律がそうなっているので各都道府県は拒否することはできなくなる。

どうしたらいいだろうか。育種知見（知的財産権）の提供について各都道府県は条例を制定して、厳しい条件をつけて制限することができる。「各都道府県は自らが開発した優良な育種知見については生産者、消費者、学識経験者などから選任して審議会を設置する。その上で育種知見の提供が農家にどのような負担を与えるのか、調査して意見をまとめ審議を尽くして議会に提出、都道府県議会による承諾を得なければ譲渡できない」とする条例を各都道府県で制定することはできる。県の開発した優良な育種知見（知的財産権）は住民投票によって過半数以上の賛成がなければ民間に提供できないとする条例を制定することは地方の優良な種苗の育種知見（知的財産権）守ることになるので急がれることである。

② 種苗法改定で自家増殖禁止、または許諾が必要になってしまうが、各都道府県が開発した優良な育種知見（知的財産権）は各都道府県が所有しているので、育種権利者としてどのようにでもシビ内容を条例で定めることができる。少なくともその種苗につい

ては登録された品種であろうとも改定前と同じく自己増殖（採種）を自由にできることを条例で定めることも地方からの大切な対抗手段であると考える。

③　野菜の品種も日本ではすでにほとんどはＦ１の種子になってしまったが、種子法が廃止され種苗法が改定されるとコメ、麦、大豆の種子までがＦ１種子、遺伝子組み換えの種子、ゲノム編集の種子になってしまうことが考えられる。これまでの安心安全な伝統的な固定種が日本から消えてしまう恐れがある。すでにＦ１の種子になって多様で伝統的な在来種が75％は消えてしまったといわれている。

30年前に広島県の知事は野菜などがＦ１の種子になって農家が種取りをしなくなり、県内にあった伝統的な在来種が消えてしまうのではないかと心配してジーンバンクを設立した。県と民間が出資して公社を設立して伝統的な広島県内の在来種を発掘調査して、それを管理保存して、これまで農家に無償で貸し出ししてきたのだ。私は何度もこのジーンバンクを見に行ってきたがコメ、麦、大豆、トウモロコシなどの穀類の品種、あらゆる野菜の品種など２万数千点が冷蔵冷凍保存されている。

しかも、それらの品種についてはその品種の持つ特徴を全てデータ管理して、現物を冷凍冷蔵保管しながら、数年に１回は圃場に植え直して優良な品種を選抜した上で現物の更新を続けてきている。このようなジーンバンクを各都道府県が条例を制定して設けることができれば素晴らしいことである。そうすることによってその地域、地域で多様で伝統的な在来種を保全することができる。

世界では伝統的な在来種を保全する法律を制定しているところも少なくないが、日本には残念ながらそのような法律はない。国会で川田龍平参議院議員がその取り組みを主張し始めているところである。法律はないとしても、韓国においてもローカルフード条例によって地域の伝統的な在来種を保護している。日本も各都道府県で条例においてこのような多様な在来種を保全することはたいへん大切なことである。また、日本の環境保全のためにも大切なことで、例えば「○○県の多様な在来種を保護する環境条例」として制定することも考えられる。

またこのようなジーンバンクを設けることによって、前述した種苗法の改定で育種権利者の保護を強化するために新しく35条を新設して品種の特徴を記した特性表だけで裁判に勝てるようにしたことに対して強力な対抗手段になる。育種権利者から権利侵害だと訴えられてもジーンバンクに品種の特性を整理したデータがあり、しかも品種の現物があれば、私たちは先にこうして品種を栽培していたのだと先使用権を主張して対抗す

広島県農業ジーンバンクで説明を受ける著者

ることができる。
④　私が最も恐れているのはゲノム編集の種子が現在日本では届け出も表示もいらないので作付けされても調べようがないことである。既に米国ではゲノム編集の種子から栽培された大豆から生成された食用油がＮｏｎ‐ＧＭＯの表示で店頭で堂々と販売されている。私たちはこれから始まるこのような動きにどう対処したらいいだろうか。愛媛県今治市の「食と農の町づくり条例」には遺伝子組み換え作物を市の承諾を得ずに作付けした場合には半年以下の懲役、50万円以下の罰金に処することができるようになっている。北海道の「遺伝子組み換え作物の栽培等による交雑等の防止に関する条例」もそうである。調べて

いただきたい。非常によくできていて、これでは遺伝子組み換え農産物を作付けしようにも、業者は音を上げてしまうのではないかと思われる。

私たちは今住んでいる自治体で条例を制定して遺伝子組み換え作物だけでなくゲノム編集作物についても市町村の同意がなければ作付けできないような厳しい条例を設けて阻止することはできる。あるいは、ゲノム編集作物や遺伝子組み換え食品の販売を事実上できなくする条例を制定することもできる。

このように私たちにはまだまだ地方で条例を制定することによって国が一方的に行っていることに対して諦めることはなく、これまでの権利を守ることはできるのである。

私たちの暮らしは私たち自身で守らなければ誰も守ってくれない。そうであれば、私たちは一市民としてどのようなことができるだろうか。まず種子条例の制定で学んだように、あなた方の知っている市町村議会議員を紹介議員として、各都道府県議会に前記のような「条例」を制定してほしいとした「意見書」をあげてほしいと手続きをすれば、あなたの市町村議会ではその是非をめぐって採決しなければならない。市町村議会の議員たちも世界に例のない登録品種の自家増殖一律禁止の種苗法改定の内容を知ることできるようになる。地方自治法そして地方分権一括法案では国が地方自治体に対する指揮命令、監督は一切禁止されたのだ。通達も禁止され、過去の通達も全て無効となった。地方自治体と国は同格なのだ。ふるさと納税で国と裁判で争った泉佐野市は最高裁の判決で勝訴した。総務省、農水省などの「通知」は単なる地方自治体に対する助言に過ぎないことが明らかになっている。

◉種子法廃止違憲確認訴訟が東京地裁に提起され審議されている

私たちは2015年5月にTPP交渉差止・違憲訴訟の会（会員6000人）を結成し、東京地裁に原告1063名、弁護団（157名の弁護士）で、TPP交渉はISDS条項で国の主権が損なわれ、私たちの基本的人権も侵害されるとして違憲による交渉差し止めの訴訟を提起した。訴訟では原中勝征氏（前日本医師会長）、池住義憲氏（元立教大学教授）、孫崎享氏（外交評論家）、鈴木宣弘氏（東大教授）、野々山理恵子さん（パルシステム東京理事長）なども法廷で意見陳述した。

第1審判決は2017年6月7日に言い渡された。判決では「TPP協定は未だ発効されておらず、それに伴う法律の改正、施行もなされていないので国民の権利義務に変わりはない」として却下された。

しかし、私たち違憲訴訟弁護団はすぐに東京高裁に控訴して「すでに種子法が廃止されて、水道の民営化の法律改定案が国会に出されているので法律の改正施行はすでになされている」と反論した。

その控訴審判決が2018年1月31日に杉原則彦裁判長のもとで言い渡された。判決では未だTPPは発効されていないとして棄却されたが、理由の中に「種子法の廃止はTPP協定が背景にあることは否定できない」と関連があることを認めたのである。私たち弁護団は直ちに最高裁に上告したが、同時に新たな種子法廃止による違憲訴訟を提起することにした。

私たち弁護団はそれ以後月に1回か2回集まって種子法廃止について、現場の種子栽培農家を訪ねるなど現地調査を重ねた。そして憲法学者の金沢星稜大学講師　土屋仁美法学博士にも参加していただき、時には激しい議論も展開しながら1年ほどかけてようやく種子法廃止等に関する違憲確認訴訟（訴状80ページ）を完成させることができた。

2019年5月24日、私たちは原告1315人弁護団157名で東京地裁に「種子法廃止違憲確認等訴訟」を東京地裁にようやく提出することができた。私たちにとっては感無量のひとときだった。

考えればこの６年間私たちＴＰＰ違憲訴訟の弁護団の中心メンバーは岩月浩二弁護士、田井勝弁護士、古川健三弁護士、平岡秀夫弁護士、酒田芳人弁護士、辻恵弁護士、浅野正富弁護士、嶋田久夫弁護士、和田聖仁弁護士、石田真人弁護士、三雲崇正弁護士はボランティアで誰一人不平を言うものはなく協力し合いながらここまでがんばってきた。それに今回の訴状は憲法25条生存権に基づいての食料主権を正面から争った日本で初めての違憲訴訟なので、私たち弁護団にとっても納得のいくもので自信もあった。弁護団と一緒に毎回検討を重ねてきた原告団の代表である池住義憲代表が突然「いい内容なので、訴状を中心として1冊の本を編集して出版したらどうだろうか」と提案された。うれしい話である。こうして私たちはかもがわ出版から「消された種子法」を２０１９年11月に出版することができた。本は初刷り２０００部だったがたちまち売り切れてさらに１０００部を印刷して増刷することになった。皆さんにこの本も読んでいただくとありがたい。

池住義憲代表はイラク派兵違憲訴訟でやはり原告代表を務め勝訴して、私たちに基本的人権として、憲法第９条に基づく平和への権利があることを日本の司法に認めさせた学者で、その時の弁護士の中心メンバーの一人が岩月弁護士なのだ。

今回の訴状の中核になる憲法25条生存権に基づく食料主権、食への権利は浅野弁護士と田井弁護士が導き出したもので、私はこれまでなかった画期的な憲法上の法理論だと思っている。憲法25条は「国民は全て健康的で文化的な最低限度の生活を営む権利を有する」として生存権を保障している。この中には食料に対する権利、さらには農民の種子に対する権利も含まれることになる。

これまで生存権の解釈については下位の法規によって生存権が具体化された範囲内においてのみ具体的な権利として法規範性が認められるとしてきた抽象的権利説がほぼ通説だった。ところが日本の憲法学者として第一任者と言われている芦部信喜教授が生存権を具体化する下位の法規には法律だけでなく条約も含まれるとして、人権条約の規定が日本国憲法よりも保障の仕方がより具体的で詳しいという場合は憲法の方を条約に適合するように解釈していくことが必要だと述べている。この指摘はたいへん重要だ。芦部教授の憲法の本は日本の司法試験の受験者ならば必ずテキストとして勉強しているほど著名な憲法学者でもある。

芦部教授が指摘した国際法規では1948年に国連総会の決議世界人権宣言25条1項

において「全て人は衣食住により、自己及び家族の健康及び福祉に十分な生活水準を保持する権利を有する」と宣言している。さらに食への権利が社会権として保障されることも明記されている。社会権の内容をさらに具体化する社会権規約委員会が設置されて、1999年に発表された一般的意見第12号において「食料安全保障に絡む長期的な持続可能性有害物質を含まない食の安全が十分な食料に対する権利の中核的な内容をなす」としている。

こうして考えれば私たちの食料主権、食への権利は憲法25条の生存権の解釈としては誠に的を得たものであると言える。今回の裁判で基本的人権として食糧主権が認められれば、私たちはゲノム編集作物、遺伝子組み換え作物などの危険なタネ、またネオニコチノイド、除草剤ラウンドアップなどの農薬について子どもたちの健康のためにもその排除を求めることができる。

◉裁判が進むにつれ面白くなった食料主権の違憲訴訟

こうして種子法廃止等に関する違憲訴訟の第1回口頭弁論が予期せぬコロナ禍の中で

半年ほど延長されたが、２０２０年8月21日に東京地裁で開かれた。私たち弁護団は国から裁判所に提出された答弁書を読んで、まず驚かされた。国側の訴状に対する答弁書の中に「種子法廃止はＴＰＰ協定によるものであること」が明記されていたのだ。ＴＰＰ交渉差止違憲訴訟の東京高裁の判決理由の中に、「種子法廃止の背景にＴＰＰ協定があることは否定できない」と記載されていたが、今回の答弁書はさらにそれに一歩踏み込んだことになる。種子法廃止はＴＰＰ協定によるモンサントなど多国籍種子化学企業の日本の種子の支配であることを国自らが認めたことになる。であれば農業競争力強化支援法、今回の種苗法改定もそうなることになる。

第1回目の口頭弁論が開かれる当日、かんかん照りの暑い日だったが、東京地裁正門前には原告らが約１５０人ほど集まった。東京地裁はコロナ禍の事情もあって傍聴席を30人だけに指定したので裁判の傍聴は抽選となった。裁判は粛々と進められ、まず主任弁護士の田井弁護士が訴状の要旨を陳述、岩月弁護士が違憲であることの憲法論を展開、その後原告の野々山理恵子さんが消費者を代表して生活協同組合パルシステム東京の前理事長として安全で安心なものを安定して提供する責任ある立場から憲法25条の生存権によって保障されている食への権利食料主権が種子法廃止によって侵害されているとして意見陳述を行った。

その後が面白い展開になった。弁護団としてはさらに国の代理人である検察側が私たちの主張している憲法25条生存権の具体化ついての主張になんら具体的な答弁がなされていないことが不当であると主張した。それを受けて裁判長が国側の代理に答弁を求めたところ、国側の再答弁は「従来通り憲法25条は具体的な法律がない限り抽象的な権利である」とこれまでの主張を述べるにとどまった。すると、裁判長が国側の代理人に再び「何らかの主張しないことはリスクもありますよ」と述べたのだ。これまで国を相手に違憲訴訟の裁判をやってきて、これまで踏み込んで裁判官が訴訟指揮をすることはなかったので私はたいへん驚いた。そして弁護団の主張に基づきこのような裁判では珍しく2回、3回目の弁論期日まで指定することになった。

このまま裁判が進めば、私たち弁護団は日本の憲法裁判史上初めて食料主権の主張について、何らかの判断をするのではないかと大いに胸を膨らませている。私たちTPP違憲訴訟の会弁護団は、種子法廃止違憲確認だけでなく種苗法改定についてもこれまでに幾度ともなく議論を続けてきている。

２０２０年秋の臨時国会において種苗法改定案がいきなり審議されて種子法廃止の時

には11時間足らずの審議で廃止法案が可決されたが、その時と同様わずか15時間足らずの審議で12月2日あっけなく種苗法改定案は成立してしてしまった。そして法律の施行日は一般的には法律が成立後1年先になるのだが、なんと2021年4月1日からとなっている。ここにも政府が多国籍種子化学企業の強い後押しで急いでいることが透けて見える。

いずれにしても種子法廃止に続いて種苗法改定についてはさらに具体的な被害が予測されるので、私たち違憲訴訟も弁護団としては準備が出来次第新たな種苗法改定についての違憲訴訟を提起する考えである。私たちは命を繋ぐタネのことも含めて、子どもたちのアレルギーやアトピーが増えて、発達障害児が子どもたちの7％にまで増加している現在、食べることはたいへん大切である。

ぜひ、読者の皆さんにも原告に加わってほしい。一緒に種子種苗の問題について情報を共有しながら、このような理不尽な多国籍企業のタネの支配を許すようなことに対して断固闘って行きたいと思う。ＴＰＰ違憲訴訟の会の詳細は本書の末尾を参照していただきたい。

◉国会でも在来種の保全・食料安全保障法制定の動きも

日本はこのままではF1の品種、遺伝子組み換え・ゲノム編集の品種などの種子になってしまうとこれまでの多様な在来種が消えていくことになる。そうなれば、日本のすばらしい自然環境も損なわれることになるのではないか。それを心配する野党の川田龍平議員らが、日本の伝統的な在来種を保全する法律制定に向けて動き始めている。一方、与党の中でもこのコロナ禍で世界19カ国食料の禁輸を続けている状況で、食糧安全保障に関することが心配であると、法律制定の必要性が検討され始めている。

私は2017年9月24日スイスに行った。スイスでは国民が5万人の署名を集めたら、国民投票で法律を成立させることができる。さらに10万人の署名を集めたら国民投票によって憲法を変えることができる。

今回、スイスでは食料安全保障を憲法に盛り込むための国民投票が行われることを聞いて私はどのような状況で食料安全保障が憲法にまで書き込まれるのかに興味があった。当日、国民投票は79％の賛成、反対21％で圧倒的な国民の賛成多数で食料安全保障の5項目が憲法に盛り込まれることになった。

すばらしい。

その5項目とはまず、農業の基盤である農地を保全すること、農地を他の用途に転用してはならないことを定めている。

一方、日本政府はＴＰＰ協定によって農業関連法案を次々に成立させてきたが、農村地域工業等導入促進法などは農地を農水省ではなく経済産業省の判断で工場立地ができるようになるというとんでもない法律を用意している。

二つめに食料生産が持続的になされるように資源を活用して、それぞれの地域に即した方法でなされること。

三つめとして農業生産とそのサプライチェーンは所得補償だけでなく市場性も考慮してなされること。四つめに自国の生産だけでは食料が不足するので他国との交易も友好的に配慮すること。最後に生産された農産物を消費者も無駄にせずにその活用に努めることなどである。

もともとスイスでは2度の大戦で食料危機に陥った経験から、総合防衛政策の重要な柱として食料安全保障を位置づけて、戦時における経済封鎖を前提として、自給自足体制を確立するための国家経済供給法が１９８２年には制定されていた。今回は戦時だけでなく、平時においても食料危機に備えて、しかも地球環境の変化なども考慮して憲法にまで盛り込んだものである。

ドイツも１９６５年に食料供給確保法、１９９０年には食料緊急対処法が制定されて、一定の食料の備蓄を義務づけるなど万全の食料自給体制が法律で守られている。他にもオランダ、フィンランドなどでも食料安全保障法が確立されている。

こうして考えると、国の独立には防衛上の軍備も当然必要だが、国民を飢えさせることがないように食料の安全保障の整備も重要な柱として同様に必要である。

これまでは日本は種子法によって主食のコメはほぼ国産１００％で守ってきたが、廃止されてしまった現在では、それに代わる食糧安全保障、たとえば食糧主権保全法が必要なのではないだろうか。

スイスはどこに行っても山岳地帯ばかりだが、そこでも食料自給率60％を達成している。日本もこれまで自国の食料を守るために、米国、オーストラリア、ニュージーランドなど食料輸出の大国とは慎重に自由貿易協定を避けてきたが、安倍政権になってオーストラリアとの経済連携協定、そしてＴＰＰ、ＴＰＰ11、さらに日欧ＥＰＡと矢継ぎ早に自由貿易の通商条約を締結して農産物の関税を次々に撤廃している。これまで、かろうじて40%の自給率を維持してきたのに、この2年で自給率37・6%、先進国では最悪の自給率の国家に急速になっている。このままではTPP交渉時に農水省が試算した食料自給率14%まで落ち込んでしまうことになるのは目に見えているのではないだろうか。今回のコロナ禍でロシア、ウクライナなど、19カ国が食糧の禁輸を発表している。種子法が廃止され種苗法が改定されて、これからF1、ゲノム編集・遺伝子組み換えの種子になってしまったら食糧危機の時、残った種子を作付けしても芽が出てこなくて、国民は餓死してしまうことになる。

何とか日本もEUの各国に並んで食料安全保障法を成立させたい。現在の状況では内閣提出の法律は難しいが、国会の議員立法で成立させることは十分可能である。立法府である国会で審議される法律案は、日本ではほとんどが各省庁の官僚が作成して、内閣法制局で審査して閣議決定を経て国会に提出される「閣法」である。しかし、両議院にはそれぞれ法制局があるので、議員が法律を作成して院の法制局と相談して国会に法案として提出し、審議して成立させる議員立法という手段がある。

かつて私も野党の代議士の時代に、BSEが猛威を振るった時にBSE対策特別措置法を起案して当時の与党、自民党と話して議員立法で成立させたことがある。有機農業推進法も当時、自民党の谷津義男代議士や篠原孝議員らとも話し合って議員立法で成立させたことがある。

自民党の心ある多くの議員も今回の種子法廃止、種苗法改定については心配している。食糧安全保障法を議員立法で成立させ、その中に主要農産物の種子を公共で守ること、そして種苗についても自家増殖が原則であることの項目を入れたらどうだろうか。

これだけ地方議会からの意見書、県議会の条例、国民の署名が続々と集まってきた今日、必ず私たちの願望は達成できると確信している。「日本の種子（たね）を守る会」でも公共の種子を守る法律の案文を検討している。NPO法人民間稲作研究所の稲葉光國さんはコメ、麦、大豆の他に油脂作物、ナタネ、ヒマワリなどもその必要性を訴えている。

◉住民の直接投票で地方から日本を変える

私は2017年9月末にスイスからイタリアのローマに行き、イタリアの五つ星運動のリカルド・フラッカーロ議員にお会いした。彼は2018年3月4日に行われたイタリアの総選挙で第1党になった五つ星運動党の3人の幹部の一人である。五つ星運動のことを日本の新聞、テレビはポピュリズム政党として酷評しているが、決してそうではない。

彼は次のように語り始めた。

「イタリアでは10年前はテレビ、新聞は全く真実を報道しない。それどころか政府の宣伝だけは懸命にやる。政党は党利党略に走り、政治家は利権に溺れて国民は政治にそっぽを向いていた。そんな時にテレビで干されたコメディアン、ペッペ・グリッドが地方を回って次のように訴えた。『諦めていては駄目だ。まず私たちの身近な問題から解決を図ろう。これまでのように市会議員、市長にお願いするだけでは何にもならない。問題を共有している仲間に呼びかけて集まって議論する。どうしたら問題を解決できるかを話し合えば必ず解決策を見つけることができる。その解決策を実現するための条例を私たちが話し合って作り上げる。その条例案に一定の署名を集めれば住民の投票でその成否を決めることができるではないか。まず地方から変えようではないか！』と。

私はその話を聞いて感動した。ちょうど水道事業の問題でネットに自分の考えを書いたところ、賛同する返事が二十数人から届いたので、皆と実際に会って話し合うことに

リカルド議員と

した。私は指定したカフェに行くまでは自分だけではないかと不安だったが、行くと十数人が集まって来た。それから私たちの運動が始まった。賛同する意見だけでは運動が広がらない。次の集会に提案を3分間、反対意見を3人選んで1分ずつと決めて皆で議論することにした。皆で活発な議論がなされ、その輪はさらに広がった。

そのうちに市会議員も市長も集会に顔を出すようになった。こうして私たちは身近な問題から条例を提案してそれを住民投票で成立させることに成功した。

そして、私たちの仲間からネット投票で候補者を決めて市議会議員、市長も五つ星から選出できるようになった。今ではローマ市長もトリノ市長も五つ星です。そして私たちの運動は国政へと広がり、9年でイタリアの国政を担う第一党になった。

政治にプロは要らない。私たちの普段の感覚こそが今の政治には必要なのだ。

政党交付金は要らない。議員の任期は2期限り。報酬も一般市民の平均給与で残りは運動に寄付することにしているのです」

そして最後に「山田さん、日本でも実験してみませんか」と結んだ。

私はすごいと思った。これまでTPP反対運動で私たちは1000万人の署名を集めた。原発反対運動で1000万人の署名を集めた。憲法改定反対で今回3000万人の署名を集めたとして、国会に請願するだけで、今の日本では何にもならない。私がその話をするとリカルド・フラッカーロ議員は驚いた。

「イタリアでは80万人の署名を集めたら国民投票で法律を制定することができます。間接代議員制度による、間接民主主義には欠陥があります。それを補正するものとして直接民主主義が必要です。EUのほとんどの国は大事な法案、また外交上のTPPのような大事な条約は必ず国民投票で成否を決めることにしています」と。

なるほどと思った。私はその場でリカルド・フラッカーロ議員に「日本にきてその話を多くの方に聞かせてもらえませんか」とお願いした。心よく返事をもらいその2カ月後には、ローマから東京まで来ていただいた。

私たちはできるだけ地方から、関心を持っている方々、地方議員、町長さん方にも呼びかけて集会を開いた。国会議員にも集まっていただき意見交換会を催した。皆が勇気をいただいた。

日本でも地方から住民自ら提案して、署名を集め条例を作ることは、新たな法律を制定しなくてもできるのだろうか。

地方自治法第14条によれば、法令に反しない限り地方議会は条例を制定することができる。地方議会は、ある一定の住民の署名があれば、必ず住民投票をしなければならないとする基本条例を作ることができる。日本でも今井一《はじめ》さんたちがずいぶん前から提案してその運動を福嶋浩彦元我孫子市長が続けていることを聞いて私もお会いして話を伺った。

すでに千葉県我孫子市においては基本条例が制定されている。このような基本条例があれば住民提案で住民投票により条例を制定することができる。福嶋さんの話によれば２０００年４月に改定された地方分権一括法案によってこれまでの上位機関（例えば農水省）から下位機関への指示であった「通達」はなくなり、それまでの「通達」も効力を失った。第一章（52ページ）にある農水省の次官「通知」も技術的助言に過ぎなく強制力はない。しかも新しい自治法では上位機関からの「機関委任事務」がなくなり、自治体の事務は「自治事務」と「法定委託事務」に整理された。法解釈は私も調べたがそうなっている。何が「自治事務」でどれが「法定委託事務」か、一義的には自治体が判断すればいい。日本では、遺伝子組み換え農作物について何も国内法はない。そうなれば地方自治体が自分たちのことは自分たちで決めるといった自立の精神があれば、自分たちが決めて制定した条例が最高規範となる。種子法がなくなった今種子条例もそうである。

先日千葉県いすみ市の太田洋市長にお会いした。同市長は全国に先駆けて市内の学校給食の米飯をすべて有機栽培無農薬に変えた市長さんである。彼に私が「いすみ市で遺伝子組み換えの農産物は栽培できない条例を作ったらいかがですか」と話した。彼は「そんなことができるのですか」とけげんそうに聞いて来たので「当然です」と答えるとかなり意欲的な様子だった。

たとえば米国では遺伝子組み換え鮭が2015年、FDAに安全であるとして認められ、アクア社によって生産されたが、アラスカ州では遺伝子組み換え魚表示法が制定されて事実上流通ができないでいる。

日本でも北海道が遺伝子組み換えの農産物について条例を制定したように食の安全、もしくは水道法の改定についても、住民提案の住民投票で条例を制定して対抗することができる。

このことこそ地方分権、地方自治ではないだろうか。

そして将来はＥＵ各国のように、国民投票で原発をゼロにすることもできる。決して夢ではない。イタリアにできて日本にできないはずはない。政治家に食糧主権保全を任せるのではなく、私たちが主役である。

種子法は廃止されても、私たち国民の提案で署名を集め国民投票で食糧主権の保全と種子法に代わる公共の種子を守る法律及び農民たちの自家増殖の権利を原則守る法律を作る道は残されている。

◉あとがき

5月なのに冷たい雨が降り続いています。

ようやく、私なりの「種子の本」を書き上げました。当初、タネのことを全く知らないずぶの素人が大それたことを始めてしまったと後悔しましたが、調べていくうちにこれは由々しきことだ、私の知り得たことをどうしても一人でも多くの方に知ってほしいと、その一念で取り組みました。

農業試験場、タネ場農家の皆さんにお会いしていろいろ話を聞かせていただき、農水大臣まで経験しながら、コメ、麦、大豆の種子を国産で作ることがこれほどたいへんであることを思い知らされました。

そして民間の三井化学アグロのみつひかり、日本モンサントのとねのめぐみなどのコメを栽培している農家を訪ねて歩きました。

知らない間に、民間の企業は随分とコメ農家にも入り込んで、着々と企業型農業のモデル、かつてモンサントモデルといわれた種子と農薬と化学肥料をセットで販売し、生産者にとって厳しい契約書も交わされていることがよくわかりました。

私はかつて若いころ、牛を400頭ほど飼って大規模畜産に挑戦してさんざん失敗を重ね、大きな負債を負った苦い経験からEU型の家族農業、兼業農業を主体とした小農家の大切さを知り、その存続のために大臣時代に農家への直接支払いの農業者戸別所得補償を実現しました。

残念ながら、戸別所得補償もなくなりましたが、米国で農業が企業に支配されて借金漬けの奴隷農場になったように、これからの日本の農業もそうなるのではないでしょうか。心配です。

そんな想いだけで書き上げた本です。種子をこれまで守ってきた皆さん、そして京都大学の久野秀二教授、外国の農業の実情に詳しい印鑰智哉さん、遺伝子組み換えに詳しい天笠啓祐さん、「野口のタネ」の野口勲さんなどいろいろな方々に教えていただきました。ありがとうございます。

私のわがままに付き合ってくれた出版社サイゾーの社長揖斐憲さん、編集を担当してくれた田中陽子さん、ありがとうございました。

日本の未来を憂えてやみくもに書き上げました。

2018年5月　山田正彦

資料

29政統第１２３８号
平成29年11月15日

農林水産事務次官

稲、麦類及び大豆の種子について（通知）

主要農作物種子法を廃止する法律（平成29年法律第20号）の施行に伴い、地方自治法（昭和22年法律第67号）第２４５条の４の規定に基づく技術的助言として、下記のとおり通知するので御了知願いたい。

なお、本通知の施行に伴い、

①　主要農作物種子制度運用基本要綱（昭和61年12月18日付け61農蚕６７８６号農林水産事務次官依命通知）

②　主要農作物種子制度の運用について（昭和61年12月18日付け61農蚕第６８００号農林水産省農蚕園芸局長通知）

③　１代雑種稲種子（異なる品種を交配した１代雑種の稲種子）の暫定審査基準等につ

いて（平成4年5月7日付け4農蚕第2923号農林水産省農蚕園芸局長通知）
④　主要農作物種子に係る指定種苗制度の運用について（昭和62年8月4日付け62農蚕4943号農林水産省農蚕園芸局長通知）は廃止する。
以上、命により通知する。

記

（略）

3　種子法廃止後の都道府県の役割
（1）都道府県に一律の制度を義務付けていた種子法及び関連通知は廃止するものの、都道府県が、これまで実施してきた稲、麦類及び大豆の種子に関する業務のすべてを、直ちに取りやめることを求めているわけではない。
農業競争力強化支援法第8条第4号においては、国の講ずべき施策として、都道府県が有する種苗の生産に関する知見の民間事業者への提供を促進することとされており、都道府県は、官民の総力を挙げた種子の供給体制の構築のため、民間事業者による稲、麦類及び大豆の種子生産への参入が進むまでの間、種子の増殖に必要な栽培技術等の種子の生産に係る知見を維持し、それを民間事業者に対して提供する役割を担うという前提も踏まえつつ、都道府県内における稲、麦類及び大豆の種子の生産や供給の状況を的確に把握し、それぞれの都道府県の実態を踏まえて必要な措置を講じていくことが必要である。

（2）都道府県が、稲、麦類及び大豆の種子の生産や供給に係る業務を実施するに当たっては、

1. 米等の生産・販売を戦略的に行っている農業者や農業者団体等との意見交換等により、種子・種苗行政に関するニーズを的確に把握すること
2. 都道府県内の農業者が必要とする種子の調達状況の調査を行うこと
3. 以上を踏まえて稲、麦類及び大豆の種子の供給に当たって都道府県の措置すべきことを整理することを大前提として、従来実施してきた業務を実施する場合には、必要に応じて、従来の通知を参考とされたい。

その際、種子法の廃止を踏まえ、民間事業者の育成品種についても適正に取り扱うことや、種子生産における民間事業者との連携を十分に考慮していただく必要がある。

（3）このような取組を行うに当たって、必要な場合には、都道府県段階における稲、麦類及び大豆の種子の安定的な供給や民間事業者の参入の促進を行うための協議会を設置すること等により、情報の共有、課題の解決策の検討を行うことも考えられる。なお、都道府県域を越えた横断的な課題については、国が調整を行うこととする。

改正案

（品種登録の要件）

第三条　次に掲げる要件を備えた品種の育成（人為的変異又は自然的変異に係る特性を固定し又は検定することをいう。以下同じ。）をした者又はその承継人（以下「育成者」という。）は、その品種についての登録（以下「品種登録」という。）を受けることができる。

一　品種登録出願（第五条第一項の規定による品種登録の出願をいう。以下同じ。）前に日本国内又は外国において公然知られた他の品種と特性の全部又は一部によって明確に区別されること。

二　同一の繁殖の段階に属する植物体の全てが特性の全部において十分に類似していること。

三　（略）

2　農林水産大臣は、前項第一号に掲げる要件に該当するかどうかの判断をするに当たっては、品種登録出願に係る品種（以下「出願品種」という。）と公然知られた他の品種との特性の相違の内容及び程度、これらの品種が属する農林水産植物の種類及び性質等を総合的に考慮するものとする。

3　（略）

現行

（品種登録の要件）

第三条　次に掲げる要件を備えた品種の育成（人為的変異又は自然的変異に係る特性を固定し又は検定することをいう。以下同じ。）をした者又はその承継人（以下「育成者」という。）は、その品種についての登録（以下「品種登録」という。）を受けることができる。

一　品種登録出願前に日本国内又は外国において公然知られた他の品種と特性の全部又は一部によって明確に区別されること。

二　同一の繁殖の段階に属する植物体のすべてが特性の全部において十分に類似していること。

三　（略）

（新設）

2　（略）

第四条　品種登録は、出願品種の名称が次の各号のいずれかに該当する場合には、受けることができない。
一～四　（略）
2　品種登録は、出願品種の種苗又は収穫物が、日本国内において品種登録出願の日から一年遡った日前に、外国において当該品種登録出願の日から四年（永年性植物として農林水産省令で定める農林水産植物の種類に属する品種にあっては、六年）遡った日前に、それぞれ業として譲渡されていた場合には、受けることができない。ただし、その譲渡が、試験若しくは研究のためのものである場合又は育成者の意に反してされたものである場合は、この限りでない。
3　（略）
4　（略）
（削る。）
（削る。）

第四条　品種登録は、品種登録出願に係る品種（以下「出願品種」という。）の名称が次の各号のいずれかに該当する場合には、受けることができない。
一～四　（略）
2　品種登録は、出願品種の種苗又は収穫物が、日本国内において品種登録出願の日から一年さかのぼった日前に、外国において当該品種登録出願の日から四年（永年性植物として農林水産省令で定める農林水産植物の種類に属する品種にあっては、六年）さかのぼった日前に、それぞれ業として譲渡されていた場合には、受けることができない。ただし、その譲渡が、試験若しくは研究のためのものである場合又は育成者の意に反してされたものである場合は、この限りでない。
3　（略）
4　（略）
5　研究機構は、農林水産大臣の同意を得て、第二項の規定による栽培試験を関係行政機関、学校その他適当と認める者に依頼することができる。
6　農林水産大臣は、第二項の栽培試験の業務の適正な実施を確保するため必要があると認めるときは、研究機構に対し、当該業務に関し必要な命令をすることができる。

（研究機構による現地調査又は栽培試験の実施）
第十五条の二　農林水産大臣は、国立研究開発法人農業・食品産業技術総合研究機構（以下「研究機構」という。）に前条第二項の規定による現地調査又は栽培試験を行わせることができる。
2　農林水産大臣は、前項の規定により研究機構に現地調査又は栽培試験を行わせるときは、当該現地調査又は栽培試験を行わないものとする。
3　研究機構は、農林水産大臣の同意を得て、関係行政機関、学校その他適当と認める者に対し、第一項の規定による現地調査又は栽培試験の実施に関して必要な協力を依頼することができる。
4　研究機構は、第一項の規定による現地調査又は栽培試験を行ったときは、遅滞なく、農林水産省令で定めるところにより、当該現地調査又は栽培試験の結果を農林水産大臣に通知しなければならない。
5　農林水産大臣は、第一項の現地調査又は栽培試験の業務の適正な実施を確保するため必要があると認めるときは、研究機構に対し、当該業務に関し必要な命令をすることができる。

（新設）

（現地調査又は栽培試験に係る手数料） 第十五条の三　出願者は、第十五条第二項又は前条第一項の現地調査又は栽培試験に係る実費を勘案して農林水産省令で定める額の手数料を国（研究機構が同項の規定による現地調査又は栽培試験を行う場合にあっては、研究機構）に納付しなければならない。 2　農林水産大臣又は研究機構は、農林水産省令で定めるところにより、前項の手数料の額を出願者に通知するものとする。 3　第一項の規定により研究機構に納付された手数料は、研究機構の収入とする。	（新設）
（現地調査又は栽培試験に係る手数料の納付命令） 第十五条の四　農林水産大臣は、出願者が前条第一項の規定により国に納付すべき手数料を納付しないときは、当該出願者に対し、相当の期間を指定して、当該手数料を納付すべきことを命ずることができる。 2　研究機構は、出願者が前条第一項の規定により研究機構に納付すべき手数料を納付しないときは、農林水産大臣にその旨を申し立てることができる。 3　農林水産大臣は、前項の規定による申立てがあったときは、出願者に対し、相当の期間を指定して、研	（新設）

究機構に手数料を納付すべきことを命ずることができる。

（審査特性の訂正）

第十七条の二　農林水産大臣は、品種登録をするときは、あらかじめ、当該出願品種について審査により特定した特性（以下「審査特性」という。）を出願者に通知しなければならない。

2　前項の規定による通知を受けた出願者は、当該出願品種の審査特性が事実と異なると思料するときは、農林水産省令で定めるところにより、農林水産大臣に対し、当該審査特性の訂正を求めることができる。

3　農林水産大臣は、前項の規定による求めがあったときは、明らかに当該求めに係る事実がないと認める場合を除き、当該審査特性が事実かどうかについて調査を行うものとする。

4　農林水産大臣は、前項の規定による調査の結果、当該審査特性が事実と異なることが判明したときは、当該審査特性の訂正をしなければならない。

5　農林水産大臣は、前項の規定による訂正をしたとき、又は当該訂正をしない旨の決定をしたときは、第二項の規定による求めをした出願者に対し、遅滞なく、

（新設）

その旨（当該訂正をしない旨の決定をしたときは、その理由を含む。）を通知しなければならない。

6　第十五条から第十五条の四までの規定は、第三項の規定による調査について準用する。

7　前条第一項（第二号に係る部分に限る。）の規定は、第二項の規定による訂正の求めについて準用する。この場合において、同号中「第十五条第一項」とあるのは「次条第六項において準用する第十五条第一項」と、「同条第二項」とあるのは「次条第六項において準用する第十五条第二項」と、「第十五条の四第一項」とあるのは「次条第六項において準用する第十五条の四第一項」と読み替えるものとする。

（品種登録）

第十八条　農林水産大臣は、品種登録出願につき第十七条第一項の規定により拒絶する場合を除き、品種登録をしなければならない。

2　品種登録は、品種登録簿に次に掲げる事項を記載してするものとする。

一～三　（略）

四　品種の審査特性（前条第四項の規定による訂正をしたときは、当該訂正後のもの）

（品種登録）

第十八条　農林水産大臣は、品種登録出願につき前条第一項の規定により拒絶する場合を除き、品種登録をしなければならない。

2　品種登録は、品種登録簿に次に掲げる事項を記載してするものとする。

一～三　（略）

四　品種の特性

第二十一条　（略）

（削る。）

（削る。）

2　育成者権者、専用利用権者若しくは通常利用権者の行為又は前項各号に掲げる行為により登録品種、登録品種と特性により明確に区別されない品種及び登録品種に係る前条第二項各号に掲げる品種（以下「登録品種等」と総称する。）の種苗、収穫物又は加工品が譲渡されたときは、当該登録品種の育成者権の効力は、その譲渡された種苗、収穫物又は加工品の利用には及

第二十一条　（略）

2　農業を営む者で政令で定めるものが、最初に育成者権者、専用利用権者又は通常利用権者により譲渡された登録品種、登録品種と特性により明確に区別されない品種及び登録品種に係る前条第二項各号に掲げる品種（以下「登録品種等」と総称する。）の種苗を用いて収穫物を得、その収穫物を自己の農業経営において更に種苗として用いる場合には、育成者権の効力は、その更に用いた種苗、これを用いて得た収穫物及びその収穫物に係る加工品には及ばない。ただし、契約で別段の定めをした場合は、この限りでない。

3　前項の規定は、農林水産省令で定める栄養繁殖をする植物に属する品種の種苗を用いる場合は、適用しない。

4　育成者権者、専用利用権者若しくは通常利用権者の行為又は第一項各号に掲げる行為により登録品種等の種苗、収穫物又は加工品が譲渡されたときは、当該登録品種の育成者権の効力は、その譲渡された種苗、収穫物又は加工品の利用には及ばない。ただし、当該登録品種等の種苗を生産する行為、当該登録品種につき品種の育成に関する保護を認めていない国に対し種

ばない。ただし、当該登録品種等の種苗を生産する行為、当該登録品種につき品種の育成に関する保護を認めていない国に対し種苗を輸出する行為及び当該国に対し最終消費以外の目的をもって収穫物を輸出する行為については、この限りでない。

（育成者権の効力が及ばない範囲の特例）

第二十一条の二　品種登録を受けようとする者は、次の各号に掲げる場合において、当該品種登録に係る育成者権の適切な行使を確保するため、農林水産省令で定めるところにより、品種登録出願と同時に当該各号に定める事項を農林水産大臣に届け出ることができる。

一　出願品種の保護が図られないおそれがある国への当該出願品種の種苗の流出を防止しようとする場合　次に掲げる事項

イ　出願者が当該出願品種の保護が図られないおそれがない国として指定する国（前条第二項ただし書に規定する国を除く。以下「指定国」という。）

ロ　前条第二項ただし書に規定する国以外の国であって指定国以外の国に対し種苗を輸出する行為及び当該国に対し最終消費以外の目的をもって収穫物を輸出する行為を制限する旨

苗を輸出する行為及び当該国に対し最終消費以外の目的をもって収穫物を輸出する行為については、この限りでない。

（新設）

二　出願品種の産地を形成しようとする場合　次に掲げる事項
イ　出願者が当該出願品種の産地を形成しようとする地域として指定する地域（以下「指定地域」という。）
ロ　指定地域以外の地域において種苗を用いることにより得られる収穫物を生産する行為を制限する旨

（通常利用権の対抗力）
第三十二条の二　通常利用権は、その発生後にその育成者権若しくは専用利用権又はその育成者権についての専用利用権を取得した者に対しても、その効力を有する。

（登録品種と特性により明確に区別されない品種の推定）
第三十五条の二　品種登録簿に記載された登録品種の審査特性により明確に区別されない品種は、当該登録品種と特性により明確に区別されない品種と推定する。

（判定）
第三十五条の三　登録品種について利害関係を有する

（新設）

（新設）

（新設）

者は、ある品種が品種登録簿に記載された当該登録品種の審査特性により当該登録品種と明確に区別されない品種であるかどうかについて、農林水産省令で定めるところにより、農林水産大臣の判定を求めることができる。

2　農林水産大臣は、前項の規定による求めがあったときは、必要な調査を行った上で判定を行い、当該求めをした者及び当該登録品種の育成者権者に対し、その結果を通知するものとする。

3　第十五条から第十五条の四までの規定は、前項の調査について準用する。

4　第三条第二項の規定は第二項の判定について、第十七条第一項（第二号に係る部分に限る。）の規定は第一項の規定による判定の求めについて、それぞれ準用する。この場合において、同号中「第十五条第一項」とあるのは「第三十五条の三第三項において準用する第十五条第一項」と、「同条第二項」とあるのは「第三十五条の三第三項において準用する第十五条第二項」と、「第十五条の四第一項」とあるのは「第三十五条の三第三項において準用する第十五条の四第一項」と読み替えるものとする。

入会方法

日本の種子（たね）を守る会

新たな種子法の立法を目指して一緒に活動しませんか。
会員には・個人会員・団体会員があります。

個人会員

年会費（4月〜翌年3月末まで）
1口　2,000円（何口でもご協力いただけます。）

団体会員

年会費（4月〜翌年3月末まで）
1口　20,000円（何口でもご協力いただけます。）

※会員の皆さまにはNewsletterをお届けします。

申し込み方法

詳しくはホームページを参照ください。
https://www.taneomamorukai.com/entry
上記アドレスから入会申込用紙がダウンロードできます。
個人、団体それぞれ申込用紙の該当箇所に必要事項を記入、
または必要事項をメール本文に記載し、
tane.mamorukai@gmail.com 宛に
メールで申し込みください。

メールのご利用がない場合は下記までお願いいたします。
FAX：03-6697-9519
郵 送：〒170-0013 東京都豊島区東池袋1-44-3 ISPタマビル7階
日本社会連帯機構気付 日本の種子（たね）を守る会

入会方法

種子法廃止・違憲訴訟
原告・会員募集

個人会員

年会費　1口　2,000円

賛助団体

年会費　1口　10,000円（何口でもご協力いただけます。）

原告

原告になるのにあたって、特別な費用はかかりません。
訴状の原告一覧に名前と住所が記載されますが、公に公表されることはありません。
裁判は弁護士が行いますので、必ずしも出廷する必要はありません。

申込書送り先・お問い合わせ

〒102-0093
東京都千代田区平河町2-3-10 ライオンズマンション平河町216
種子法廃止・違憲訴訟の会
TEL：03-5211-6880　FAX：03-5211-6886

※申込書、委任状、資料を一式お送りすることもできます。お気軽にお問い合わせください。

自主上映会のご案内

タネは誰のもの

タネはみんなのものであり農民のものです。1万年も前から人は収穫と選別を繰り返し、その土地土地で風土に合った種をつないできました。命の源です。

そのタネを人工的に改良したからといって権利を与え、法律でもって金儲けの道具にすることは許されることでしょうか？

今回種苗法改定にあたって、農業の現場はどうなるのか？

農家さんの声を聞いてまわり、ドキュメンタリーの形でまとめました。

上映料金

1日につき10,000円＋税
上映用素材：DVD／ブルーレイ／オンライン Vimeo（上映時間：65分）

申し込み先

きろくびと
e-mail：info@kiroku-bito.com　FAX：047-355-8455

参考文献一覧

『ゲノム操作食品の争点』 天笠啓祐（著） 緑風出版
『遺伝子組み換えイネの襲来』（クリティカル・サイエンス4）
遺伝子組み換え食品いらない！キャンペーン（編） 緑風出版
『伝統野菜をつくった人々 ―「種子屋」の近代史―』 阿部希望（著） 農山漁村文化協会
『たねは誰のもの』 岩崎政利（著） ㈲ペブル・スタジオ
『種から種へつなぐ』 西川芳昭（編） 創森社
『知っておきたいタネ（種子）の世界 ―農業の生命線を考える』（農業と経済2012年12月号）
「農業と経済」編集委員会 図書出版 昭和堂
『種子法廃止と北海道の食と農 地域で支え合う農業 ―CSAの可能性―』
荒谷明子 伊達寛記 ミリケン恵子 田中義則 安川誠二 久田徳二 富塚とも子 天笠啓祐
エップ・レイモンド ヘレナ・ノーバーグ＝ホッジ（著） 寿郎社
『農村と都市をむすぶ』 2012年6月号 全農林労働組合
『タネが危ない』 野口勲（著） 日本経済新聞社

［著者紹介］
山田正彦（やまだ・まさひこ）

元農林水産大臣、弁護士。日本ペンクラブ会員。1942年4月8日長崎県五島市生まれ。早稲田大学法学部卒業後、新聞記者を志すが、結核だったことが発覚して断念。司法試験に挑戦し、1969年に合格するも法曹の道には進まず、故郷の五島に戻って牧場を開き、牛400頭を飼育、豚8000頭を出荷するようになる。その後、オイルショックによって牧場経営を断念、弁護士に専念し、主にサラ金問題に取り組む。四度目の挑戦で衆議院議員に当選。2010年6月、農林水産大臣に就任。現在、TPP批准阻止のため、精力的に活動中。

新装増補版
しのびよるゲノム編集作物の脅威
タネはどうなる!?
―― 種子法廃止と種苗法改定を検証 ――

2021年 1月30日　新装増補版第1刷発行
2023年11月26日　新装増補版第4刷発行

著　　者　山田正彦
発 行 人　揖斐憲
編　　集　田中陽子（コープニュース編集主幹）
装丁・DTP　金巻徹（株式会社創土社）
装画・本文カット　山福朱実
校　　正　株式会社鷗来堂

発 行 所　株式会社サイゾー
〒150-0044 東京都渋谷区円山町20-1-8F
電話 03-5784-0790（代表）

印刷・製本　株式会社シナノパブリッシングプレス

本書の無断転載を禁じます
乱丁・落丁の際はお取替えいたします
定価はカバーに表示してあります
©Masahiko Yamada 2021, Printed in Japan
ISBN978-4-86625-138-7